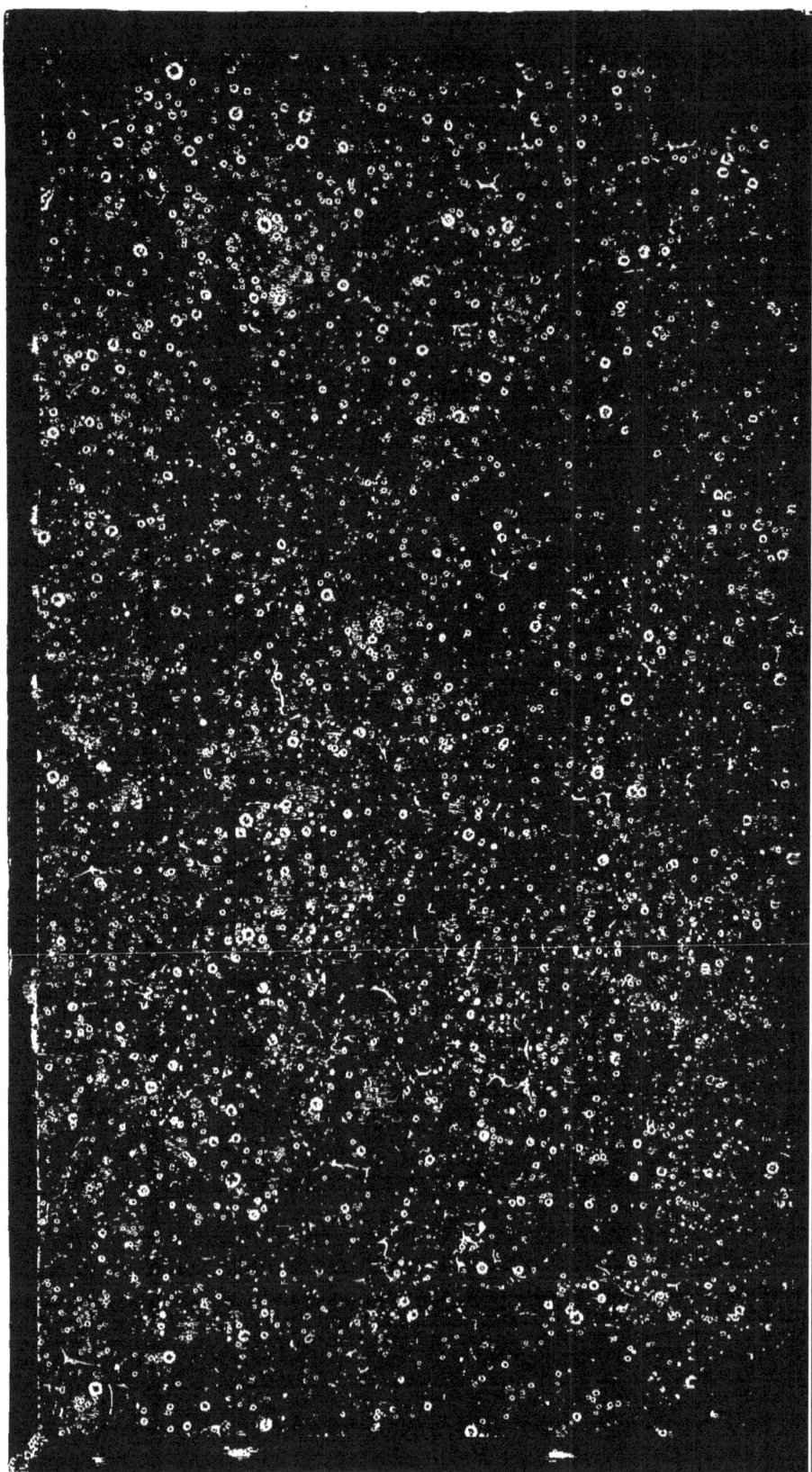

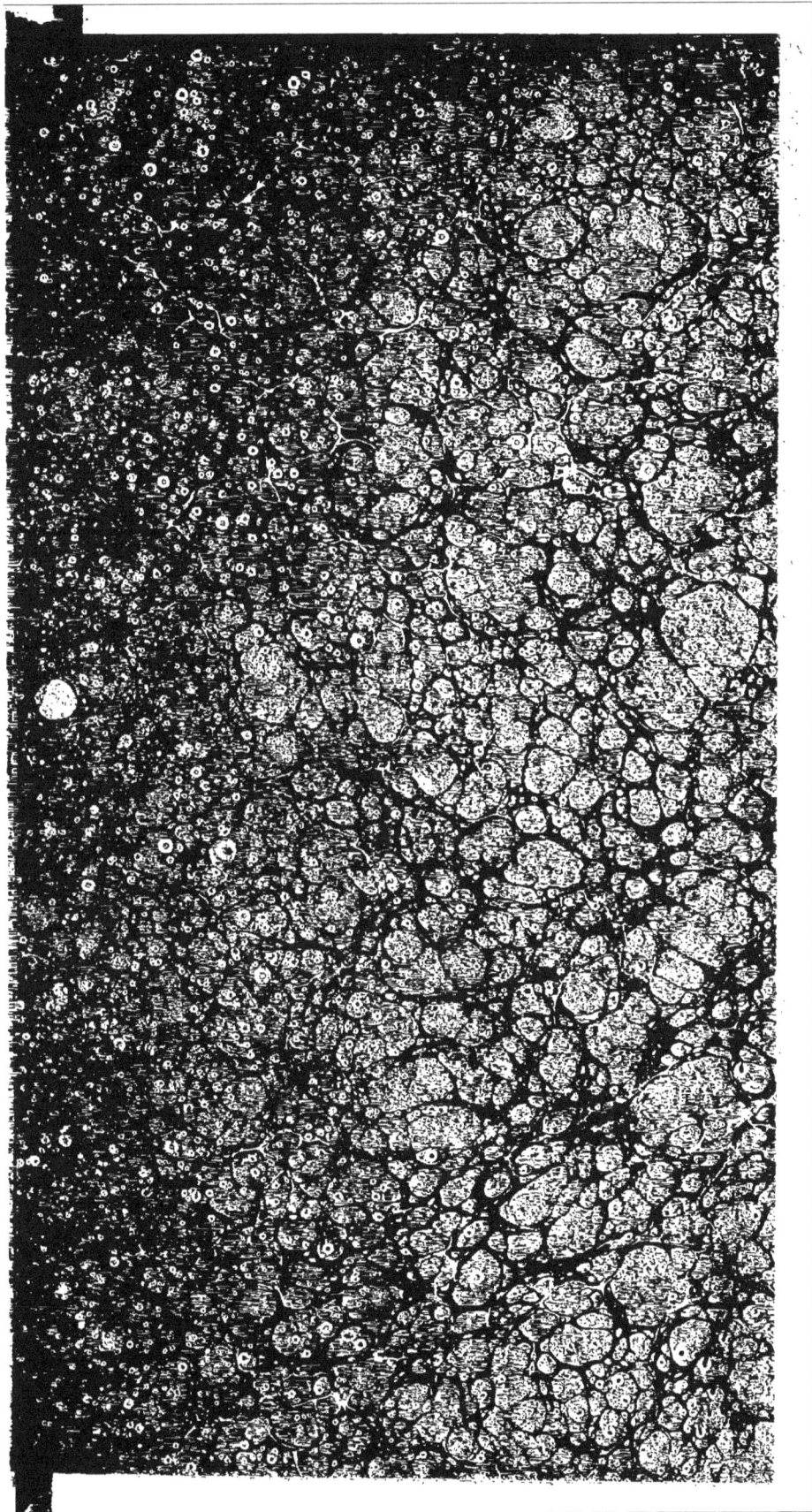

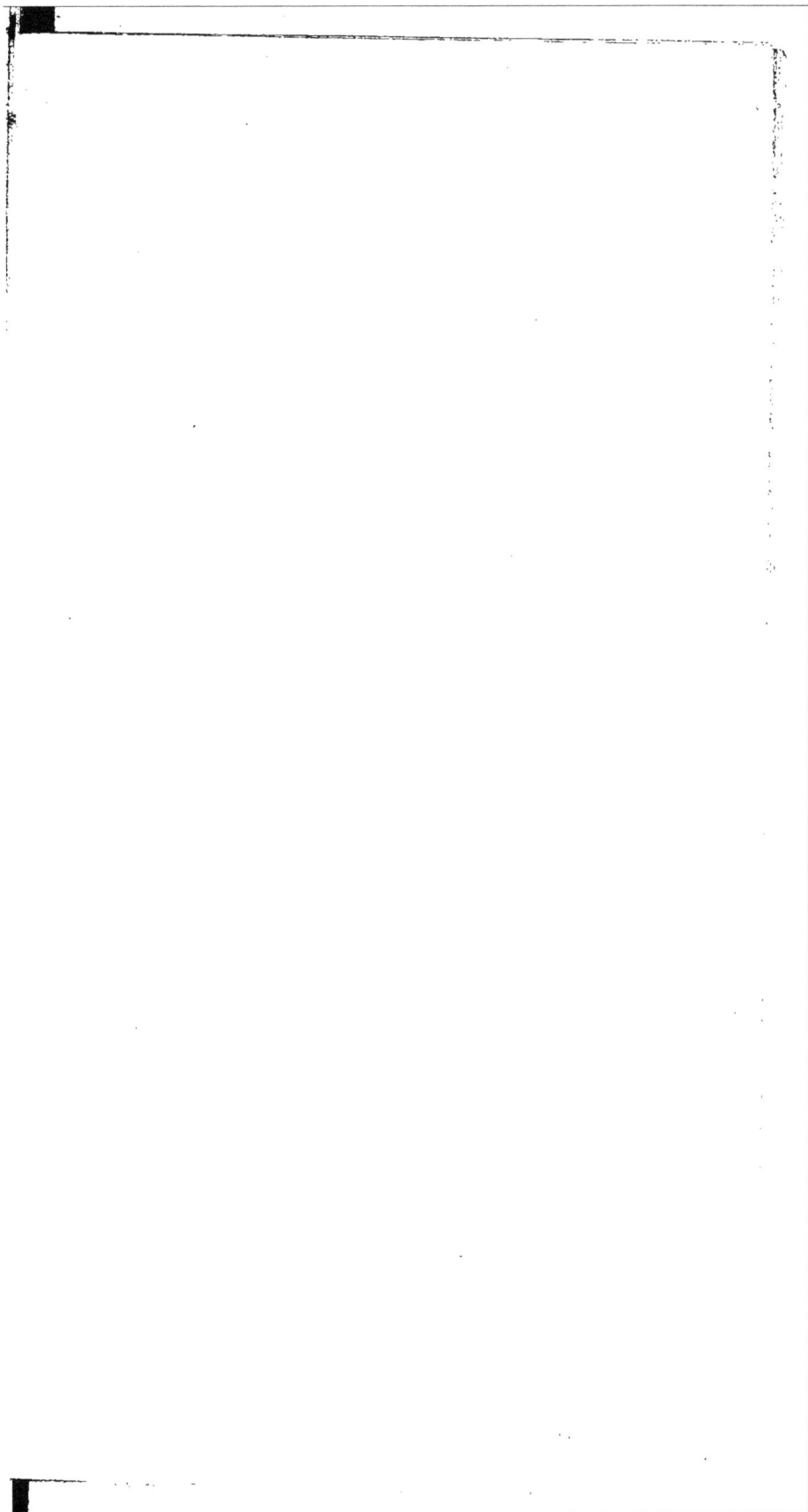

V

32672

TRAITÉ

DES

POIDS ET MESURES,

PRÉCÉDÉ DU CALCUL

DES NOMBRES DÉCIMAUX.

TRAITÉ

DES

POIDS ET MESURES,

PRÉCÉDÉ DU CALCUL

DES NOMBRES DÉCIMAUX,

Par L. Bonvallet,

*Elève de l'école normale primaire
de Versailles,*

Instituteur communal de Nanteuil-le-Haudouin (Oise).

SENLIS,

Imprimerie de Regnier, Libraire, rue de Beauvais.

—

1840.

PRÉFACE.

Touché de voir une foule d'artisans ignorer presque complètement les Nouvelles Mesures, j'ouvris en 1838 et en 1839 un cours gratuit afin de les leur enseigner. Quoique forcés par la loi d'abandonner leurs anciennes mesures, peu d'entr'eux assistèrent à ce cours; puis d'autres vinrent plus tard me demander des explications: dans l'impossibilité où j'étais d'être utile à tous en même temps, je pensai à ce petit ouvrage. C'est donc principalement aux artisans que je le destine : aussi ai-je fait tous mes efforts pour en être compris; j'ai souvent répété les mêmes définitions, persuadé que l'on ne retient bien les choses qu'après les avoir lues plusieurs fois. Ce livre, excepté les conversions qu'il renferme, doit être aussi très-utile aux enfants.

L'étude des Nouvelles Mesures exigeant la connaissance des nombres décimaux, j'ai cru devoir parler d'abord de ces derniers nombres. J'ai ensuite exposé le nouveau système des Poids et Mesures avec le plus de clarté possible, m'attachant sans cesse à faire remarquer les rapports admirables qui existent entre les six unités du système. J'ai indiqué la manière de convertir toutes les anciennes mesures de longueur, de surface et de volume, en nouvelles et réciproquement, au moyen de rapports inutiles aux enfants, qui ne doivent s'attacher qu'aux Nouvelles Mesures, mais indispensables à tous les ouvriers. Sans ces rapports, il leur serait impossible d'opérer, puisqu'ils ne pourraient faire de comparaisons entre des mesures qu'ils ne connaissent point encore, et des anciennes qu'ils abandonnent.

Le Litre, le Kilogramme et le Franc étant déjà généralement connus, je ne les ai pas comparés avec les anciennes unités qu'ils remplacent : cependant j'ai placé à la suite des premiers, et après les mesures de longueur, de surface et de volume, des tableaux de réduction pour les personnes qui n'auraient pas le temps d'opérer. On trouvera aussi la loi, l'ordonnance et des extraits de ces dernières concernant les poids et les mesures métriques.

Afin d'être compris de tout le monde, même des enfants, je suis entré dans une foule de détails qui sont d'une grande nécessité. J'ai expliqué plusieurs conversions afin que chacun puisse comprendre les tableaux de réduction.

Si ce travail peut être de quelque utilité, si j'ai pu faire apercevoir la simplicité des nouvelles mesures, si j'en ai rendu l'étude facile, je serai fier alors d'aider à l'exécution des lois de mon pays, et bien heureux d'avoir été de quelque secours à plusieurs de mes concitoyens : c'est là surtout le seul bonheur que j'ambitionne.

TRAITÉ

DES

POIDS ET MESURES,

PRÉCÉDÉ

du calcul des nombres décimaux.

NOTIONS PRÉLIMINAIRES.

AVANT d'arriver au nouveau système des *Poids et Mesures*, je crois devoir parler des *nombres décimaux* et indiquer la manière d'opérer sur ces nombres; la connaissance de ces opérations facilitera beaucoup l'étude de la seconde partie. Il existe entre les *nouvelles mesures* et les *nombres décimaux* un rapport si intime qu'il est impossible d'étudier les premières avec fruit, si l'on ne connaît déjà les seconds. Je vais donc exposer le plus simplement possible le calcul et les propriétés de ces derniers nombres.

PREMIÈRE PARTIE.

CALCUL DES NOMBRES DÉCIMAUX.

Notre système de numération est appelé *système décimal* parce qu'il est composé de dix chiffres : 1, 2, 3, 4, 5, 6, 7, 8, 9, 0.

De l'emploi de ces dix chiffres, il résulte que les unités représentées par les différents chiffres d'un nombre décimal, sont de dix en dix fois plus petites à mesure que l'on avance d'un rang, de deux rangs, de trois rangs, etc., vers la droite du nombre; et sont au contraire de dix en dix fois plus grandes, si, au lieu de se diriger vers la droite, on se porte d'un rang, de deux rangs, de trois rangs, etc., vers la gauche du nombre.

Nous dirons donc que :

Le nombre décimal est celui dont les unités sont de dix en dix fois plus petites à mesure que l'on avance d'un rang, de deux rangs, etc., vers la droite de ce nombre.

En effet, examinons un nombre décimal quel qu'il soit, 432, par exemple.

En allant de gauche à droite, nous voyons que le chiffre 4 exprime des *centaines;* le chiffre 3, placé au premier rang qui vient ensuite à droite, représente des *dizaines;* or, *les dizaines sont dix fois plus petites que les centaines;* continuons, avançons encore d'un rang vers la droite, nous arrivons au chiffre 2 qui représente des *unités;* or, *les unités sont dix fois plus petites que les dizaines.* Donc le principe énoncé ci-dessus est vrai; et la réciprocité, par la même raison, se trouve démontrée, car il est facile de remarquer que *si*, au lieu d'aller de gauche à droite, *on va de droite à gauche, les unités représentées par chaque chiffre qui vient successivement, sont de dix en dix fois plus grandes.*

D'après ce qui vient d'être dit, on voit que si l'on place plusieurs chiffres à la droite du nombre 432, *le premier* de ces chiffres, venant immédiatement après les unités 2, représentera une quantité dix fois plus petite que les *unités* ou des *dixièmes;* le *deuxième chiffre* exprimera une quantité dix fois plus petite que les dixièmes, ou cent fois plus petite que les unités, ou des *centièmes;* le *troisième chif-*

fre, une quantité dix fois plus petite que les centièmes, ou cent fois plus petite que les dixièmes, ou
mille fois plus petite que les unités, ou des *millièmes*. On ferait le même raisonnement pour chacun
des chiffres qui viendraient ensuite : ainsi après les
millièmes se présenteraient les *dix-millièmes*, au
quatrième rang; les *cent-millièmes*, au cinquième;
les *millionièmes*, au sixième; les *dix-millionièmes*,
au septième; les *cent-millionièmes*, au huitième, etc.

Exemple :

centaines	dizaines	unités	dixièmes	centièmes	millièmes	dix-millièmes	cent-millièmes	millionièmes	dix-millionièmes	cent-millionièmes	billionièmes
4	3	2	5	6	7	2	3	4	8	9	2

Supposons donc des chiffres placés à la droite
du chiffre 2, unités du nombre 432, comme on le
voit ci-dessus le premier de ces chiffres représente
5 *dixièmes;* le deuxième, 6 *centièmes;* le troisième,
7 *millièmes;* le quatrième, 2 *dix-millièmes*, etc.

Nous connaissons, dans l'exemple précédent,
que le chiffre 5 exprime des *dixièmes*, parce que
nous savons que le premier chiffre à sa gauche 2 représente des unités; il est donc nécessaire de pou-

voir toujours reconnaître le rang des unités; à cet effet, on place immédiatement à la droite de celle-ci, cette petite figure (,) semblable à une virgule, et que, pour cette raison, on a nommée *virgule décimale*. De cette manière, le nombre 432,567, etc., se trouve séparé en *deux parties :* la première partie 432, placée à gauche de la virgule, s'appelle la *partie entière;* et l'on donne le nom de *chiffres décimaux*, de *partie décimale*, ou de *décimales*, à la *deuxième partie* 567, etc., placée à droite de la virgule.

PRONONCIATION DES NOMBRES DÉCIMAUX.

1° Le nombre décimal 432,567 se prononcerait donc, non pas 432 unités 5 dixièmes 6 centièmes 7 millièmes, ce qui serait beaucoup trop long : mais bien 432 *unités 567 millièmes*, en convertissant les dixièmes et les centièmes en millièmes ; en effet le chiffre 7 représente sept millièmes; le chiffre 6, six centièmes ou 60 millièmes ; car un centième vaut 10 millièmes ; et le chiffre 5, cinq dixièmes ou 500 millièmes; car un dixième vaut 100 millièmes : la partie décimale 567 vaut donc 500 plus 60 plus 7 millièmes ou 567 millièmes. Le nombre décimal peut donc se prononcer 432 unités 567 millièmes.

2° On pourrait encore lire le nombre décimal 432,567, 432567 *millièmes*, car en suppimant la virgule, nous savons que le premier chiffre 7 à la droite de ce nombre, représente des millièmes; et d'ailleurs l'*unité vaut* 1000 *millièmes*; 432 unités, la partie entière, vaudront 432000 millièmes; ajoutons maintenant à ces millièmes les 567 millièmes de la partie décimale, et nous aurons 432000 millièmes plus 567 millièmes ou 432567 millièmes. On peut donc aussi prononcer le nombre décimal 432,567 de cette dernière manière.

Il y a donc *deux manières de prononcer les nombres décimaux;* et, comme on a pu le remarquer, chacune des deux prononciations ou énoncés se termine par le nom du dernier chiffre, placé à la droite de la partie décimale du nombre.

Dans l'exemple précédent, l'énoncé s'est terminé par des *millièmes* parce que le dernier chiffre 7, placé à la droite de la partie décimale du nombre 432,567, représente des *millièmes*.

Il faut avoir un grand soin de toujours observer ce principe. Ainsi :

Le nombre décimal 8,5 se prononce 1° 8 unités 5 dixièmes, ou 2° 85 dixièmes.

Le nombre décimal 4,03 se prononce 1° 4 unités 3 centièmes, ou 2° 403 centièmes.

Le nombre décimal 26,421 se prononce 1° 26 unités 421 millièmes, ou 2° 26421 millièmes.

Le nombre décimal 2345,04565 se prononce 1° 2345 unités 4565 cent-millièmes, ou 2° 234504565 cent-millièmes.

Le nombre décimal 203,100001 se prononce 1° 203 unités 100001 millionièmes, ou 2° 203100001 millionièmes.

Le nombre décimal 0,0002011 se prononce 2011 dix-millionièmes.

La première de ces deux prononciations est généralement employée.

Ces exemples doivent indiquer suffisamment comment on doit lire les nombres décimaux.

ÉCRITURE DES NOMBRES DÉCIMAUX.

L'écriture d'un nombre décimal prononcé présente des difficultés, surtout aux personnes peu exercées qui placent mal les chiffres décimaux, ne remplaçant pas par des zéro, les *dixièmes*, ou les *centièmes*, ou les *millièmes*, etc., qui peuvent manquer dans l'énoncé ; ce dernier ne se terminant que par le nom du dernier chiffre à droite.

Voici la règle à suivre :

Écrivez d'abord la partie entière, remplacez-la par un zéro si elle manque, placez une virgule à la droite de la première ou du second, puis à la droite de cette virgule, posez la partie décimale, en ayant soin surtout de remplacer par des zéro les dixièmes, ou les centièmes, ou les millièmes, etc., qui manquent.

Exemples :

Ainsi,

Le nombre décimal prononcé 25 unités 8 dixièmes s'écrirait. . . . . . . 25,8.

Le nombre 4860 unités 45 centièmes s'écrirait. . . . . . 4860,45.

Le nombre 13 unités 4 centièmes s'écrirait. . . . . . . 13,04.

Et enfin le nombre 3 millièmes s'écrirait. . . . . . . 0,003.

Dans le premier exemple, on a d'abord écrit 25 la partie entière, puis à sa droite la virgule, et à la suite de celle-ci la partie décimale 8. Ex. : 25,8.

Dans le deuxième exemple, comme dans le premier, on a écrit 4860 la partie entière, ensuite 45 la partie décimale : ces deux parties séparées par la virgule. Ex. : 4860,45.

Dans le troisième exemple, en observant comme précédemment le placement de la virgule, on a eu soin de remplacer par un zéro les dixièmes qui manquent. Ex. : 13,04.

Dans le dernier exemple enfin, on a remplacé la partie entière qui manque par un zéro suivi de la virgule ; comme la partie décimale ne renferme que 3 millièmes, on a mis deux zéro : l'un à la place des dixièmes, l'autre à celle des centièmes ; de cette manière on a obtenu le nombre décimal écrit 0,003.

Mais les nombres décimaux sont souvent plus embarrassants à écrire que ceux que je viens de donner : ainsi, par exemple, les nombres 2 unités 1002 millionièmes, 105 dix-millionièmes, etc., peuvent présenter quelques difficultés dans l'écriture de leur partie décimale. Je crois avoir appris à surmonter tous ces obstacles en indiquant à mes élèves la méthode suivante :

Je leur fais remarquer (ce que déjà ils doivent avoir aperçu pages 3 et 4) *que les dixièmes sont*

représentés par un seul chiffre placé immédiate-
ment à droite de la virgule; que les centièmes sont
écrits avec deux chiffres; les millièmes, avec trois
chiffres; les dix-millièmes, avec quatre; les cent-
millièmes, avec cinq; les millionièmes, avec six;
les dix-millionièmes, avec sept; les cent-millioniè-
mes, avec huit chiffres après la virgule, etc.

Lorsque ces choses sont bien retenues, je prononce le nombre décimal. *Les élèves écrivent d'a-*
bord la partie entière suivie de la virgule, ou si
la partie entière manque, ils la remplacent par un
zéro suivi aussi de la virgule; puis au lieu d'écrire
la partie décimale, ils placent autant de points
qu'il faut de chiffres, pour écrire cette partie dé-
cimale prononcée; ensuite ils posent les chiffres
décimaux sur les points, de manière que le dernier
de ces chiffres soit placé sur le dernier point à
droite; l'avant-dernier chiffre sur l'avant-dernier
point, etc., et s'il arrive qu'il reste, à gauche des
chiffres décimaux écrits, des points non couverts,
les élèves remplacent ces points par des zéro.

En suivant cette méthode on ne se trompe jamais.

Pour mieux faire comprendre les explications
ci-dessus, je vais donner quelques exemples.

Je suppose que j'aie dicté le nombre 2 entiers

1002 millionièmes ou, ce qui est la même chose, 2 unités 1002 millionièmes.

L'élève écrira d'abord la partie entière 2 suivie de la virgule, puis à droite de cette dernière, il placera six points parce que la prononciation du nombre se termine par des millionièmes, et qu'il faut six chiffres dans la partie décimale, pour représenter ceux-ci : il aura donc

$$2, \ldots \ldots$$

Puis posant les 1002 millionièmes, de manière que ces quatre chiffres décimaux occupent la place des quatre derniers points à droite, il obtiendra le nombre

$$2, \ldots 1002.$$

Remplaçant ensuite par des zéro les points restés entre la virgule et la partie décimale écrite, il formera le véritable nombre

$$2,001002.$$

Autre exemple.

Ecrivez le nombre décimal 105 dix-millionièmes?

Il n'y a pas d'unités ou de partie entière, on écrit d'abord zéro suivi de la virgule; il faut sept chiffres pour représenter les dix-millionièmes, on écrit ensuite sept points; puis on remplace les trois derniers points par 105, et l'on pose des zéro sur les quatre points non couverts.

On obtient ainsi successivement les nombres.

$$0, \ldots \ldots$$
$$0, \ldots 105$$
$$0, 0000105$$

Cette méthode pouvant toujours être employée, on pourrait soumettre aux mêmes transformations tout autre nombre décimal, aussi bizarre qu'on voudrait l'imaginer.

Les bons résultats que j'ai obtenus, en me servant des moyens que je viens d'indiquer, m'ont engagé à les développer ici. Il serait d'ailleurs impossible d'aller plus loin, si l'on n'avait pas compris parfaitement tout ce qui précède; c'est aussi la raison qui m'a porté à m'étendre davantage sur la lecture et l'écriture des nombres décimaux, qui sont trop ignorées.

Des zéro placés ou retranchés à la droite de la partie décimale.

Nous avons vu que la valeur d'un nombre décimal dépend uniquement de la position de la virgule.

D'où il résulte que

1° *La virgule restant à la même place, le nombre*

décimal ne change pas de valeur, quand on ajoute ou que l'on retranche des zéro à la droite de la partie décimale.

Ainsi le nombre décimal 3,6 est égal au nombre décimal 3,60 ; car la partie décimale 6 dixièmes du premier, vaut les 60 centièmes de la partie décimale du second, puisque 1 dixième vaut 10 centièmes, et que par conséquent 6 dixièmes valent 60 centièmes.

On voit donc qu'en ajoutant un zéro, on rend les quantités représentées par la partie décimale, dix fois plus nombreuses ; mais en même temps dix fois plus petites ; donc le nombre ne change pas de valeur.

Si l'on avait placé deux zéro à la droite de 3,6 on n'aurait pas moins eu 3,6 égal à 3,600. En effet la partie décimale 600 est 100 fois plus considérable que la partie décimale 6 ; mais elle représente des *millièmes*, quantités 100 fois plus petites que les *dixièmes*. Ainsi, d'une part les quantités sont rendues 100 fois plus nombreuses ; de l'autre, 100 fois plus petites ; donc le nombre 3,6 égale 3,600.

Réciproquement 3,600 égale 3,6. Retranchons deux zéro au premier nombre, il restera l'égalité la plus simple 3,6 égale 3,6. La suppression des

deux zéro n'a donc point changé la valeur du nombre décimal : par conséquent

*On peut retrancher les zéro placés à la droite de
la partie décimale, sans en changer la valeur.*

2° *Le nombre décimal est rendu* 10 *fois plus
grand, ou* 100 *fois plus grand, ou* 1000 *fois plus
grand, etc., selon que l'on avance la virgule d'un
rang, ou de deux rangs, ou de trois rangs, etc.,
vers la droite du rang qu'elle occupait d'abord.*

Exemple :

Soit le nombre 23,456.

Examinons ce nombre : le chiffre 4, placé le
premier à la droite de la virgule, représente des
dixièmes ; le 5, qui vient ensuite, exprime des
centièmes ; et le 6, des millièmes. Je porte la virgule d'un rang vers la droite, et j'ai le nouveau
nombre 234,56 dans lequel le chiffre 4 qui, précédemment représentait des dixièmes, représente
maintenant des unités ; mais les unités sont dix fois
plus grandes que les dixièmes ; donc 234,56 est
dix fois plus grand que 23,456.

Si j'avais avancé tout d'un coup la virgule de

deux rangs vers la droite de 23,456, j'aurais eu 2345,6; le chiffre 5, qui exprimait des centièmes dans le premier cas, représente dans le second des unités, c'est-à-dire des quantités cent fois plus grandes que les centièmes; d'où le nombre 23,456 a été rendu cent fois plus grand, en devenant 2345,6.

On voit que si la virgule avait été portée d'abord de trois rangs vers la droite, on aurait obtenu le nombre 23456, mille fois plus grand que 23,456; car dans le premier nombre, le chiffre 6 se trouve au rang des unités, quantités mille fois plus grandes que les millièmes, au rang desquels il est placé dans le second.

Si l'on avançait la virgule de *quatre rangs* vers la droite, on rendrait le nombre *dix mille fois plus grand ; de cinq rangs, cent mille fois plus grand; de six rangs, un million de fois plus grand*, etc.

La virgule fournit donc un moyen bien simple et souvent utile, de multiplier un nombre décimal par 10, par 100, par 1000, etc.

Les nombres entiers n'ayant pas de virgule, on les multiplie par 10, en ajoutant un zéro à leur droite; par 100, en ajoutant deux zéro; par 1000, en ajoutant trois zéro; et ainsi de suite.

Manière de diviser les nombres décimaux par 10, par 100, par 1000, etc.

3° *Le nombre décimal est rendu* 10 *fois plus petit, ou* 100 *fois plus petit, ou* 1000 *fois plus petit, etc., selon que l'on porte la virgule d'un rang, ou de deux rangs, ou de trois rangs, etc., vers la gauche du rang qu'elle occupait d'abord.*

Exemple :

Soit le nombre 2345,6.

Si je porte la virgule d'un rang vers la gauche, j'ai le nombre 234,56, dix fois plus petit que 2345,6, car le chiffre 4 qui, dans le premier cas, représentait des dizaines, ne présente plus que des unités. Si je porte d'un seul coup la virgule de deux rangs vers la gauche du nombre 2345,6, j'obtiens 23,456, rendu 100 fois plus petit, puisque le chiffre 3, qui d'abord n'exprimait que des centaines, représente des unités dans ce dernier nombre.

D'où l'on voit qu'en portant la virgule d'un rang, ou de deux rangs, ou de trois rangs, ou de quatre rangs, ou de cinq rangs, ou de six rangs, etc., vers la gauche, on divise le nombre décimal par 10, ou par 100, ou par 1000, ou par 10000, ou par 100000, ou par 1000000, etc.

Ainsi;

75 divisé par 10, donne 7,5; 856,5 divisé par 100, donne 8,565; 35 divisé par 1000, égale 0,035; 0,45 divisé par 10000, donne 0,000045, etc.

Dans ces derniers exemples, on doit remarquer que, *quand il n'y a pas assez de chiffres à gauche pour placer la virgule, on remplace ceux qui manquent par des zéro, ainsi que la partie entière. Ex. : 0,45 divisé par 10000, égale 0,000045,* etc.

Nous aurons souvent besoin de nous rappeler cette manière abrégée de diviser un nombre décimal par 10, par 100, par 1000, etc.

DE L'ADDITION.

Additionner, c'est ajouter ensemble plusieurs quantités, pour en former une seule qui les renferme toutes.

L'addition est donc une opération par laquelle, on réunit plusieurs quantités en une seule : cette dernière s'appelle somme ou total: *c'est le résultat de l'addition.*

ADDITION DES NOMBRES DÉCIMAUX.

L'addition des nombres décimaux se fait comme celle des nombres entiers, c'est-à-dire que l'on place les quantités à additionner les unes sous les autres,

2.

et de manière que les centaines soient sous les centaines, les dizaines sous les dizaines, les unités
sous les unités, puis les dixièmes sous les dixièmes,
les centièmes sous les centièmes, les millièmes sous
les millièmes, etc. Cet ordre étant observé, toutes
les virgules des nombres à additionner sont dans
une même ligne verticale; alors on fait l'addition
en ayant soin, de placer à la somme une virgule
sous les virgules des nombres à ajouter.

Exemples d'additions.

```
billions
  centaines de million
    dizaines de million
      millions
        centaines de mille
          dizaines de mille
            mille
              centaines
                dizaines
                  unités
                    virgules
                      dixièmes
                        centièmes
                          millièmes

7  3  4  5  6  3  8  4  2  3  5  ,  5  7  6
                     3  0  8  7  ,  0  0  6
                           1  5  ,  7  :  :
                        4  8  6  ,  0  9  :

7  3  4  5  6  3  7  8  2  4  ,  3  7  2
           Somme ou Total.
```

	2ᵉ Ex.			3ᵉ Ex.	

```
                36,467                    0,1024 :
      2ᵉ Ex.    25,35 :         3ᵉ Ex.    5,07508
                49,29 :                   6,1 : : : :
                ——————                    0,49 : : :
                111,107                   ————————
              Som. ou T.                  11,76748
                                          Som. ou T.
```

Remarque. Je n'indiquerai pas la manière de faire l'addition, la soustraction, la multiplication et la division, car alors je sortirais des limites que je me suis tracées.

DE LA SOUSTRACTION.

Ôter un nombre d'un autre nombre plus grand, cela s'appelle faire une *soustraction*.

La soustraction est donc une opération par laquelle, on retranche un nombre d'un autre nombre plus grand, pour obtenir un troisième nombre que l'on nomme reste, excès ou différence. *Ainsi le* reste *est le résultat de la soustraction.*

SOUSTRACTION DES NOMBRES DÉCIMAUX.

La soustraction des nombres décimaux se fait aussi comme celle des nombres entiers, c'est-à-dire que l'on place le plus petit nombre sous le plus grand, de manière que les unités soient sous les unités, les dizaines sous les dizaines, etc., puis les dixièmes sous les dixièmes, les centièmes sous les centièmes. Alors la virgule du petit nombre se trouve sous celle du grand; ensuite *on retranche chaque chiffre inférieur du chiffre supérieur correspondant, sans oublier de poser au reste, une* virgule sous les virgules des deux nombres sur lesquels on vient d'opérer.

Exemples de soustractions.

Soit à ôter le nombre décimal 2325,213 du nombre décimal 6448,112.

Opération.

$$
\begin{array}{c}
\text{mille centaines dizaines unités virgules dixièmes centièmes millièmes} \\
6\ 4\ 4\ 8\ ,\ 1\ 1\ 2 \text{ plus grand nombre} \\
2\ 3\ 2\ 5\ ,\ 2\ 1\ 3 \text{ plus petit nombre}
\end{array}
$$

Reste 4 1 2 2 , 8 9 9 ou différence.

Soit encore 215,068 à ôter de 461,299.

$$461,299$$
$$215,068$$
$$\overline{}$$

Le reste est 246,231

Il arrive quelquefois que, de deux nombres sur lesquels on opère, l'un a plus de chiffres décimaux que l'autre; alors : *on ajoute à la droite de celui qui en a le moins, assez de zéro pour qu'il ait autant de chiffres décimaux que l'autre; puis on fait la soustraction comme précédemment.*

Exemple :

Soit le nombre 15,2346 à retrancher de 22,7.

$$22,7000$$
$$15,2346$$

Reste 7,4654 ou différence.

J'ai d'abord décrit le plus grand nombre 22,7; puis j'ai placé trois zéro à sa droite, afin de lui donner quatre chiffres décimaux, autant que le second 15,2346; et après avoir retranché ce dernier de 22,7000, j'ai eu 7,4654 pour reste.

Si c'était le plus petit nombre qui eût le moins de chiffres décimaux, on mettrait aussi à sa droite, assez de zéro pour qu'il ait autant de chiffres décimaux que le plus grand.

Exemple :

Oter le nombre 15,32 du nombre 48,5634.

$$48,5634$$
$$15,3200$$

Reste 33,2434

J'ajoute deux zéro à la droite de 15,32, je soustrais, et j'obtiens le reste 33,2434.

Pour bien comprendre ces opérations, il a été nécessaire de se rappeler qu'*un nombre décimal ne* change pas de valeur, quand on ajoute un ou plusieurs zéro à la droite de la partie décimale de ce nombre (Voir page 12, n° 1).

DE LA MULTIPLICATION.

Répéter un nombre, ou *additionner* ce même nombre autant de fois qu'il y a d'unités dans un autre nombre, c'est ce qu'on appelle faire une *multiplication* ou une *addition abrégée.* Nous dirons donc que

La multiplication est une opération par laquelle, on répète un nombre appelé multiplicande *autant de fois qu'il y a d'unités dans un autre nombre nommé* multiplicateur, *pour obtenir un troisième nombre appelé* produit, *qui est le résultat de la multiplication.*

Exemples :

1ᵉʳ Ex.		2ᵉ Ex.	3ᵉ Ex.
23	multiplicande	46	23
4	multiplicateur	4	8
92	produit	184	184

Dans l'exemple ci-dessus, 23 est le multiplicande; 4, le multiplicateur. Après avoir répété 23 autant de fois que l'unité est contenue dans 4, c'est-à-dire quatre fois, nous avons obtenu pour résultat 92 :

c'est le produit. Le multiplicande 23 et le multiplicateur 4 s'appellent aussi les *facteurs* du produit, parce qu'ils servent à le former.

D'après la définition de la multiplication, et les exemples 2 et 3 donnés, il est aisé de voir que plus le multiplicande est grand, plus le produit est grand; que plus le multiplicateur est grand, plus le produit est grand; de telle sorte que, si l'on rend le multiplicande 10 fois, ou 100 fois, ou 1000 fois, etc., plus grand, le produit devient 10 fois, ou 100 fois, ou 1000 fois, etc., plus grand; et il est encore rendu 10 fois, ou 100 fois, ou 1000 fois, etc., plus grand, si, sans toucher au multiplicande, on rend le multiplicateur 10 fois, ou 100 fois, ou 1000 fois, etc., plus grand.

Pour l'intelligence de ce qui va suivre, il était nécessaire de parler de ces propriétés de la multiplication.

MULTIPLICATION DES NOMBRES DÉCIMAUX.

La multiplication des nombres décimaux se fait comme celle des nombres entiers; cependant, avant d'opérer, il faut avoir soin

1° De compter combien il y a de chiffres déci-

maux placés à la droite de la virgule, dans le multiplicande et le multiplicateur;

2º De supprimer la virgule dans le multiplicande et le multiplicateur;

3º Et de retrancher, quand la multiplication est
effectuée, au moyen de la virgule, autant de chiffres
à la droite du produit, que l'on en a compté à droite
de la virgule dans la partie décimale du multiplicande et du multiplicateur. De cette manière le
produit se trouve partagé en deux parties : les
chiffres placés à gauche de la virgule représentent la partie entière; et ceux qui sont à droite,
la partie décimale.

Exemple :

Soit à multiplier 125,25 par 14,6.

Je compte d'abord les chiffres décimaux, il y en
a trois; deux dans le multiplicande 125,25 et un
dans le multiplicateur 14,6; il y aura donc trois
chiffres à retrancher à la droite du produit de cette
multiplication; puis je supprime la virgule dans
l'un et l'autre facteur que j'écris de nouveau, et sur
lesquels j'opère comme s'il s'agissait de nombres
entiers.

Exemple :

```
12525  multiplicande        125,25
  146  multiplicateur        14,6
  ─────                    
 75150
 50100
 12525
 ─────
1828,650
```

Le produit de cette multiplication est 1828650 ; mais il faut retrancher trois chiffres à sa droite, d'où il résulte que le produit véritable est 1828,650 c'est-à-dire 1828 unités 650 millièmes.

Si l'on demande pourquoi il faut supprimer la virgule dans le Multiplicande et le Multiplicateur, et séparer à la droite du produit autant de chiffres, qu'il y a de chiffres décimaux dans les deux facteurs, qu'*on se rappelle* ce qui vient d'être dit sur les changements que subit le produit, selon que l'on rend le multiplicande et le multiplicateur 10 fois, 100 fois, 1000 fois, etc., plus grand.

En effet, dans l'exemple ci-dessus, en retranchant la virgule dans le multiplicande, c'est comme si l'on avait avancé cette virgule de deux rangs vers la droite ; car, au lieu de 125,25 on a 12525 unités, ce qui rend le multiplicande 100 fois plus grand ; d'où le produit est aussi rendu 100 fois plus grand ; mais en supprimant la virgule dans le multiplicateur, c'est comme si l'on avait porté celle-ci d'un rang vers la droite, puisqu'au lieu de 14,6 on a 146 unités. Le multiplicateur est donc rendu 10 fois plus grand, d'où le produit est aussi rendu 10 fois plus grand. Mais le produit a déjà été rendu 100 fois plus grand, on le rend encore 10 fois plus grand : ces nombres de fois se multipliant, il en résulte que le produit 1828650 sera rendu 100 fois 10 fois trop grand, ou 1000 fois trop grand. Pour lui donner sa véritable valeur, il faut donc le rendre 1000 fois plus petit, ou le diviser par 1000, ce que l'on fait en séparant avec la virgule trois chiffres à la droite du nombre 1828650, et l'on a le véritable produit 1828,650, c'est-à-dire 1828 unités 650 millièmes.

Exemples de multiplication.

1er Ex.		2e Ex.		3e Ex.	
48,03	4803	24,86	2486	0,52	52
6,22	622	0,512	512	32	32
	9606		4972		104
	9606		2486		156
	28818		12430		16,64
	298,7466		12,72832		

4ᵉ Ex.

$$\begin{array}{c|c} 2 & 2 \\ 0,0004 & 4 \\ \cdots\cdots & \\ \hline 0,0008 & \\ \cdots\cdots & \end{array}$$

1ʳᵉ *Remarque*. On voit par le 3ᵉ et le 4ᵉ exemple, que lorsque l'un des facteurs n'a pas de chiffres décimaux, naturellement on ne compte que les chiffres décimaux de l'autre facteur.

2ᵉ *Remarque*. On voit aussi par le 4ᵉ exemple, que s'il n'y a pas assez de chiffres au produit pour placer la virgule, on remplace les chiffres qui manquent au placement de la virgule, par des zéro ajoutés à la gauche du produit, ici 8. Les zéro placés, et la suppression faite, on a 0,0008, c'est-à-dire 8 dix-millièmes au lieu de 8 unités dans le premier cas.

3ᵉ *Remarque*. On voit encore dans le 4ᵉ exemple, qu'après avoir retranché la virgule du multiplicateur 0,0004, on supprime dans la multiplication les zéro placés à la gauche de 4 ; car des zéro placés à la gauche de ce chiffre n'auraient aucune valeur.

4ᵉ *Remarque*. Afin d'être mieux compris, j'ai placé un point sous les chiffres décimaux.

5ᵉ *Remarque*. Dans ces exemples de multiplication, pour me conformer aux démonstrations que j'ai faites, j'ai supprimé la virgule dans le multiplicande et le multiplicateur. Le plus ordinairement on écrit ces deux facteurs avec la virgule, et l'on a raison, car l'exactitude de l'opération ne dépend que de la suppression à la droite du produit, d'autant de chiffres qu'il y a de chiffres décimaux dans le multiplicande et le multiplicateur. Ainsi opérerons-nous à l'avenir en conservant les virgules.

DE LA DIVISION.

Chercher combien de fois un nombre est contenu dans un autre nombre, ou ôter successivement ce premier nombre du second autant de fois qu'il est contenu dans ce dernier, cela s'appelle *diviser* ou faire une *soustraction abrégée*. On est donc conduit à définir ainsi cette opération :

La division est une opération par laquelle, on cherche combien de fois un nombre appelé diviseur *est contenu dans un autre nombre appelé* dividende. *Le nombre qui indique le combien de fois se nomme* quotient : *c'est le résultat de la division.*

Exemple :

Dividende 96 | 24 diviseur
       00 | 4 quotient.

Dans l'opération que nous venons de faire, 96 est le dividende, 24 le diviseur; après avoir cherché combien 24 est contenu de fois dans 96, nous avons obtenu le combien de fois 4 : c'est le quotient.

Autres exemples.

$$1^{er}\Big\}\ \frac{192}{00}\Big|\frac{24}{8}\qquad 2\ \Big\{\frac{96}{00}\Big|\frac{48}{2}$$

D'après le premier exemple ci-dessus, il est facile de remarquer que si l'on rend le dividende plus grand, le quotient est aussi rendu plus grand, et cela se conçoit; car alors, le diviseur qui est le même, étant contenu plus de fois dans le dividende, le quotient exprime un plus grand nombre de fois, et est par conséquent plus grand; de telle sorte que si l'on rend le dividende 2 fois, 3 fois, etc., 10 fois, 100 fois, 1000 fois, etc., plus grand, le quotient est aussi rendu 2 fois, 3 fois, etc., 10 fois, 100 fois, 1000 fois, etc., plus grand.

Dans l'exemple précédent, nous n'avons pas changé le diviseur qui est toujours 24. Maintenant, sans toucher au dividende qui était d'abord 96, rendons le diviseur 24, plus grand.

Examinons le second exemple: nous y voyons que plus le diviseur est grand, plus le quotient est

petit ; en effet, le diviseur étant plus grand est contenu moins de fois dans le dividende ; et comme le
quotient exprime le combien de fois, il est rendu
plus petit. Ainsi quand on rend le diviseur 2 fois,
3 fois, etc., 10 fois, 100 fois, 1000 fois, etc., plus
grand, le quotient est rendu 2 fois, 3 fois, etc.,
10 fois, 100 fois, 1000 fois, etc., plus petit. Par
conséquent,

*Le quotient ne change pas quand on rend en
même temps, le dividende et le diviseur le même
nombre de fois plus grand, c'est-à-dire quand on
les multiplie tous deux par un même nombre.*

Exemple :

$$\begin{array}{c|c} 96 & 24 \\ \hline 00 & 4 \end{array} \qquad \begin{array}{c|c} 9600 & 2400 \\ \hline 0000 & 4. \end{array}$$

En effet, en multipliant le dividende 96 par 100,
on a rendu le quotient 100 fois plus grand ; mais
en multipliant aussi le diviseur 24 par 100, on a
rendu le quotient 100 fois plus petit : d'une part il
est rendu 100 fois plus grand, de l'autre 100 fois
plus petit, donc il ne change pas de valeur : en effet, 9600 divisé par 2400 donne le même quotient 4.

On aurait pu multiplier par tout autre nombre
que 100.

Si je suis entré dans tous ces détails, c'est parce qu'ils seront indispensables à ceux qui voudront s'expliquer, pourquoi l'on opère de telle ou telle manière dans la division des nombres décimaux.

Diviser, c'est toujours diviser, l'opération ne change pas; aussi celui qui sait faire la division des nombres entiers, sait aussi effectuer celle des nombres décimaux; mais comme on doit opérer avec exactitude, il faut se conformer aux règles que nous allons donner.

DIVISION DES NOMBRES DÉCIMAUX.

Dans la division des nombres décimaux, il arrive que le dividende et le diviseur ont chacun le même nombre de chiffres décimaux; ou que le dividende en a plus que le diviseur, ou le diviseur plus que le dividende. Réduisons ces trois cas à deux seulement.

1er *Cas.* — Ou le dividende et le diviseur ont chacun le même nombre de chiffres décimaux;

2e *Cas.* — Ou le dividende et le diviseur n'ont pas le même nombre de chiffres décimaux.

1° *Quand le dividende et le diviseur ont chacun le même nombre de chiffres décimaux, on supprime la virgule du dividende et celle du diviseur, puis on fait la division comme si ces deux nombres étaient des nombres entiers.*

Exemple :

Soit à diviser 32,92 par 8,23. Ces deux nombres; le dividende 32,92 et le diviseur 8,23 ont chacun deux chiffres décimaux ; je supprime la virgule de part et d'autre, et j'ai le nombre entier 3292 à diviser par le nombre entier 823.

$$\text{Opération} \quad \begin{array}{c|c} 3292 & 823 \\ \hline 000 & 4 \end{array}$$

Après avoir fait l'opération, je trouve pour quotient le chiffre 4. Je dis que ce quotient est le véritable.

En effet, en supprimant la virgule dans le dividende 32,92, c'est comme si on la portait de deux rangs vers la droite; ce qui rend le nouveau dividende 3292 cent fois plus grand; d'où le quotient est rendu cent fois plus grand; mais en supprimant la virgule dans le diviseur 8,23, il est arrivé le même changement, c'est-à-dire que le nouveau diviseur 823 a été rendu 100 fois plus grand, d'où le quotient a été rendu 100 fois plus petit. D'une part le quotient a été rendu 100 fois plus grand; de l'autre, 100 fois plus petit; donc il n'a pas changé de valeur; donc 3292 divisé par 823 est la même chose que 32,92 divisé par 8,23.

II. *Quand le dividende et le diviseur n'ont pas chacun le même nombre de chiffres décimaux, il faut :*

1° *Ajouter à la droite de celui qui a le moins de chiffres décimaux, ou qui n'en a pas du tout, assez de zéro pour qu'il ait autant de chiffres décimaux que l'autre.*

2° *Supprimer ensuite la virgule qui se trouve dans le dividende et dans le diviseur, ou seulement dans l'un de ces nombres, puis faire la division comme s'il s'agissait de nombres entiers.*

Exemple :

Soit à diviser le nombre 48,872 par 12,2.

D'abord j'ajoute 2 zéro à la droite du diviseur 12,2 qui n'a qu'un chiffre décimal, afin qu'il en ait trois comme le dividende 48,872; puis je supprime la virgule de part et d'autre, et j'ai le nouveau dividende 48872 et le nouveau diviseur 12200 sur lesquels j'opère comme sur des nombres entiers.

Exemple :

```
48872  |12200
 · · ·   · · ·
  .72        4
```

Le quotient est 4 et le reste 72.

Il est facile d'apercevoir d'après ce qui précède, que nous retombons ici dans le premier cas ; car après avoir donné au dividende et au diviseur le même nombre de chiffres décimaux, en ajoutant des zéro à la droite de celui qui en demande, si nous supprimons la virgule, nous multiplions, comme dans le premier cas, le dividende et le diviseur par un même nombre : donc le quotient reste le même.

1re *Remarque.* Dans la division des nombres décimaux, *lorsque le quotient n'est pas exact, c'est-à-dire lorsqu'après avoir cherché combien de fois le diviseur est contenu dans le dividende, il y a un reste ; alors, on place une virgule à la droite du quotient déjà obtenu et qui représente la partie entière, puis l'on convertit le reste de la division en dixièmes, en plaçant un zéro à sa droite ; on cherche combien de fois le diviseur est contenu dans ce reste ainsi changé en dixièmes ; on écrit le combien de fois à la droite de la virgule placée au quotient ; de cette manière il représente des dixièmes ; s'il y a encore un reste, comme il exprime des dixièmes, on le convertit en centièmes en plaçant un zéro à sa droite, on cherche combien de fois le diviseur est contenu dans ce reste, on écrit le combien de fois* à la droite du *chiffre des dixièmes*, *déjà placé au quotient*, *de sorte que ce nouveau chiffre représente des centièmes. En continuant à ajouter ainsi un zéro à la droite de chaque reste, on obtiendrait ensuite au quotient des* millièmes, *des* dix-millièmes, *des* cent-millièmes, *des* millionièmes, *etc.* De cette manière, s'il y avait toujours un reste, le quotient serait exact à moins d'un dixième, d'un centième, d'un millième, d'un dix-millième, d'un cent-millième, d'un millionième, etc., d'unité près, selon que l'on aurait eu 1, 2, 3, 4, 5, 6, etc., chiffres décimaux au quotient.

Exemple :

Soit à diviser 26,22 par 5,6.

$$
\begin{array}{c|l}
2622 & 5\ 60 \\
\hline
& 4{,}682142
\end{array}
$$

1er reste converti en dixièmes. . 3820
2e reste converti en centièmes. . 4600
3e reste converti en millièmes. . 1200
4e reste converti en dix-millièmes . 800
5e reste converti en cent-millièmes. 2400
6e reste converti en millionièmes. . 1600
                                    480

Dans cet exemple, après avoir observé les règles

indiquées plus haut, nous avons eu 2622 à diviser par 560 ; nous avons obtenu le quotient 4 et le reste 382 , puis plaçant une virgule à la droite de la partie entière 4 du quotient, et un zéro à la droite du reste 382 , un autre zéro à la droite du 2ᵉ reste 460 , etc. ; nous conformant enfin aux indications données ci-dessus, nous avons trouvé pour quotient, 4 unités 682142 millionièmes, exact à moins d'un millionième d'unité près.

2ᵉ Remarque. *Quand il arrive que le dividende n'est pas aussi grand que le diviseur, on met au quotient un zéro suivi de la virgule pour représenter la partie entière qui manque ; puis on convertit le dividende en dixièmes, en plaçant un zéro à sa droite ; on cherche combien de fois le diviseur est contenu dans le dividende, on écrit le combien de fois au quotient à la droite de la virgule ; de cette manière ce chiffre représente les dixièmes du quotient ; puis on continue l'opération comme nous venons de le faire précédemment.*

Exemple :

Soit à diviser 0,14 par 0,18.

14	18
140	
140	0,777
140	...
14	

Après avoir supprimé de part et d'autre la virgule, nous avons eu 14 à diviser par 18 ; et, comme le dividende 14 est moins grand que le diviseur 18, nous avons mis un zéro à sa droite ; ce qui nous a donné 140 qui, divisé par 18, donne 7 dixièmes au quotient ; et ainsi de suite, nous avons obtenu le quotient 0,777 à moins d'un millième près. Il indique que 18 est contenu dans 14, les 777 millièmes d'une fois.

3e *Remarque.* Dans l'exemple précédent, après avoir mis au quotient, un zéro suivi de la virgule, pour remplacer la partie entière, et un zéro à la droite du dividende ; s'il arrivait alors que celui-ci ne contînt pas encore le diviseur, on placerait un autre zéro au quotient, à droite de la virgule, pour occuper le rang des dixièmes ; puis on continuerait ainsi à ajouter un zéro à la droite du dividende, puis un zéro à la droite du quotient, jusqu'à ce qu'enfin les zéro ajoutés au dividende l'aient rendu aussi grand que le diviseur ; alors on opérerait comme dans le premier cas.

Exemple :

Soit à diviser 0,005 par 4,6.

J'écris 5 divisé par 4600

$$
\begin{array}{r|l}
5000 & 4600 \\
.40000 & 0{,}00108 \\
3200 & \\
4 &
\end{array}
$$

Ainsi le quotient de 5 millièmes divisé par 4 unités 6 dixièmes, serait 0,00108, c'est-à-dire 108 cent-millièmes.

Exemples de division.

1ᵉʳ Ex.

44 divisé par 0,022

44000 | 22
00000 | 2000

2ᵉ Ex.

0,044 divisé par 22

44000 | 22000
00000 | 0,002

3ᵉ Ex.

161,2 divisé par 0,052

161200 | 52
.52 | 3100
0000

4ᵉ Ex.

0,0000488 divisé par 6,1

488000000 | 61000000
00000000 | 0,000008

4ᵉ Remarque. Par ces exemples et particulièrement le dernier, dont le dividende est 0,0000488, on doit voir qu'après avoir retranché la virgule, on a aussi supprimé les cinq zéro placés à la gauche de 488; en effet ils sont inutiles puisqu'ils n'ont plus de valeur.

La division des nombres décimaux étant l'opération la plus difficile, il n'a pas été inutile d'expliquer les différents cas qui peuvent se présenter en l'effectuant.

————————⋆◦⋆————————

Si je me suis arrêté si longtemps sur tout ce qui précède, si j'ai souvent ennuyé en répétant plusieurs fois la même chose, c'est parce que je suis persuadé que ceux qui auront bien compris tout ce que je viens de dire, seront agréablement surpris de voir combien les *nouvelles mesures* sont simples et naturelles, et le calcul facile : l'addition, la soustraction, la multiplication et la division, ne présenteront aucune difficulté, puisqu'elles sont identiquement semblables aux quatre opérations que je viens d'expliquer ; si les unités vont changer de nom ou plutôt de terminaison, la signification et la valeur seront les mêmes. En effet, pour se conformer au système décimal, on a eu soin de diviser le *mètre* en dix parties égales appelées *décimètres*, c'est-à-dire *dixièmes du mètre*; le *décimètre*, en dix parties égales appelées *centimètres*, c'est-à-dire *centièmes du mètre*; le *centimètre*, en dix parties égales appelées *millimètres*, c'est-à-dire *millièmes du mètre*; le *millimètre* en dix parties égales appelées *dix-millimètres*, etc. On a observé la même division pour le *litre*, le *gramme* et le *franc*; nous n'aurons donc, tout simplement, qu'à remplacer les dixièmes, ou par les *décimètres*, ou par les *décilitres*, ou par les *décigrammes*, ou par les *décimes*. Les *centimètres*, les *centilitres*, les *centigrammes* et les *centimes*, nous les mettrons au rang des *centièmes*; et les *millimètres*, les *millilitres*, les *milligrammes*, occuperont la place des *millièmes*, etc.

J'aurai un grand soin de faire remarquer la différence qui existe entre les divisions du mètre linéaire, du mètre carré et du mètre cube.

FIN DE LA PREMIÈRE PARTIE.

DEUXIÈME PARTIE.

NOUVELLES MESURES.

On doit à la révolution française de 1789 le calcul décimal et les nouvelles mesures : système si beau, si simple et si naturel. A cette époque, on n'employait que des mesures arbitraires, sans uniformité, présentant des opérations longues et souvent embarrassantes à effectuer, et changeant de valeur et de nom dans chaque localité. Alors deux géomètres français célèbres, Méchain et Delambre, voulant rendre plus facile le commerce de tous les peuples civilisés, pensèrent qu'il fallait leur donner des mesures naturelles, invariables dans tous les pays, qui, pouvant toujours être retrouvées, seraient considérées comme universelles; aussi prirent-ils ces nouvelles mesures dans la nature même. Ainsi la dix-millionième partie du quart du méridien terrestre ou la distance du pôle à l'équateur, qu'ils nommèrent *mètre*, leur fournit la base fondamentale de leur nouveau système, qu'ils appelè-

4.

rent *métrique*, du nom de cette dernière unité ; puis ils choisirent pour unité de poids, le poids d'une certaine quantité d'eau distillée, parfaitement pure. On ajoute maintenant, au nouveau système des poids et mesures, le mot *légal*, pour indiquer qu'il est prescrit par la Loi.

LOI DU 4 JUILLET 1837.

LOUIS-PHILIPPE, Roi des Français, à tous présents et à venir, SALUT.

Nous avons proposé, les Chambres ont adopté, NOUS AVONS ORDONNÉ ET ORDONNONS CE QUI SUIT :

ART. 1er. — Le décret du 12 février 1812, concernant les Poids et Mesures, est et demeure abrogé.

ART. 2. — Néanmoins, l'usage des instruments de pesage et de mesurage, confectionnés en exécution des articles 2 et 3 du décret précité, sera permis jusqu'au 1er janvier 1840.

ART. 3. — A partir du 1er janvier 1840, tous Poids et Mesures autres que les Poids et Mesures établis par les lois des 18 germinal an III et 19 frimaire an VIII, constitutives du système métrique décimal, seront interdits sous les peines portées par l'article 479 du Code pénal.

ART. 4. — Ceux qui auront des Poids et Mesures

autres que les Poids et Mesures ci-dessus reconnus, dans leurs magasins, boutiques, ateliers ou maisons de commerce, ou dans les halles, foires ou marchés, seront punis, comme ceux qui les emploieront, conformément à l'article 479 du Code pénal.

Art. 5. — A compter de la même époque, toutes dénominations de Poids et Mesures autres que celles portées dans le tableau annexé à la présente loi, et établies par la loi du 18 germinal an III, sont interdites dans les actes publics ainsi que dans les affiches et les annonces.

Elles seront également interdites dans les actes sous seing privé, les registres de commerce et autres écritures privées produites en justice.

Les officiers publics contrevenants seront passibles d'une amende de vingt francs, qui sera recouvrée sur contrainte comme en matière d'enregistrement.

L'amende sera de dix francs pour les autres contrevenants; elle sera perçue pour chaque acte ou écriture sous signature privée; quant aux registres de commerce, ils ne donneront lieu qu'à une seule amende pour chaque contestation dans laquelle ils seront produits.

Art. 6. — Il est défendu aux juges et arbitres de rendre aucun jugement ou décision en faveur des particuliers sur des actes, registres ou écrits dans lesquels les dénominations interdites par l'article précédent auraient été insérées, avant que les amendes encourues aux termes dudit article aient été payées.

Art. 7. — Les vérificateurs des Poids et Mesures constateront les contraventions prévues par les lois et règlements concernant le système métrique des Poids et Mesures.

Ils pourront procéder à la saisie des instruments de pesage et de mesurage dont l'usage est interdit par lesdites lois et règlements.

Leurs procès-verbaux feront foi en justice jusqu'à preuve contraire.

Les vérificateurs prêteront serment devant le tribunal d'arrondissement.

Art. 8. — Une ordonnance royale règlera la manière dont s'effectuera la vérification des Poids et Mesures.

La présente loi, discutée, délibérée et adoptée par la Chambre des Pairs et par celle des Députés, et sanctionnée par nous cejourd'hui, sera exécutée comme loi de l'État.

DONNONS EN MANDEMENT à nos Cours et Tribunaux, Préfets, Corps administratifs et tous autres, que les présentes ils gardent et maintiennent, fassent garder, observer et maintenir, et, pour les rendre plus notoires à tous, ils fassent publier et enregistrer partout où besoin sera; et afin que ce soit chose ferme et stable à toujours, nous y avons fait mettre notre sceau.

Fait au Palais des Tuileries, le 4me jour du mois de juillet, l'an mil huit cent trente-sept.

Signé LOUIS-PHILIPPE.

Par le Roi :

Le Ministre secrétaire d'État au département des Travaux publics, de l'Agriculture et du Commerce,

Signé N. MARTIN (du Nord).

TABLEAU DES MESURES LÉGALES.

(Loi du 18 Germinal an III.)

NOMS SYSTÉMATIQUES.	VALEUR.
MESURES DE LONGUEUR.	
Myriamètre.	Dix mille mètres.
Kilomètre	Mille mètres.
Hectomètre.	Cent mètres.
Décamètre	Dix mètres.
MÈTRE.	Unité fondamentale des poids et mesures. (Dix millionième partie du quart du méridien terrestre).
Décimètre.	Dixième du mètre.
Centimètre.	Centième du mètre.
Millimètre.	Millième du mètre.
MESURES AGRAIRES.	
Hectare.	Cent ares ou dix mille mètres carrés.
ARE	Cent mètres carrés, carré de dix mètres de côté.
Centiare.	Centième de l'are, ou mètre carré.

DU TABLEAU DES MESURES LÉGALES.

NOMS SYSTÉMATIQUES.	VALEUR.
MESURES DE CAPACITÉ POUR LES LIQUIDES ET LES MATIÈRES SECHES.	
Kilolitre.	Mille litres.
Hectolitre	Cent litres.
Décalitre.	Dix litres.
LITRE.	Décimètre cube.
Décilitre.	Dixième du litre.
MESURES DE SOLIDITÉ.	
Décastère	Dix stères.
STÈRE	Mètre cube.
Décistère.	Dixième du stère.
POIDS.	
. . . .	Mille kilogr., poids du mètre cube d'eau et du tonneau de mer.
. . . .	Cent kilogr., quintal métrique.

SUITE
DU TABLEAU DES MESURES LÉGALES.

NOMS SYSTÉMATIQUES.	VALEUR.
KILOGRAMME	Mille grammes. Poids dans le vide d'un décimètre cube d'eau distillée à la température de quatre degrés centigrades.
Hectogramme.	Cent grammes.
Décagramme.	Dix grammes.
GRAMME	Poids d'un centimètre cube d'eau à quatre degrés centigrades.
Décigramme.	Dixième du gramme.
Centigramme.	Centième du gramme.
Milligramme.	Millième du gramme.
MONNAIE.	
FRANC.	Cinq grammes d'argent au titre de neuf dixièmes de fin.
Décime	Dixième du franc.
Centime.	Centième du franc.

Conformément à la disposition de la loi du 18 germinal an III, concernant les Poids et les Mesures de capacité, chacune des mesures décimales de ces deux genres a son double et sa moitié.

*Ordonnance du Roi, relative aux Poids, Mesures
et Instruments de pesage et de mesurage.*

LOUIS-PHILIPPE, Roi des Français, à tous
présents et à venir, SALUT.

NOUS AVONS ORDONNÉ ET ORDONNONS CE QUI SUIT :

ART. 1er. — A dater du 1er janvier 1840, les
Poids, Mesures et instruments de pesage et de
mesurage, ne seront reçus à la vérification première
qu'autant qu'ils réuniront les conditions d'admission
indiquées dans les tableaux annexés à la présente
ordonnance.

ART. 2. — Les Poids, Mesures et instruments
de pesage portant la marque de vérification première,
et qui réuniront d'ailleurs les conditions exigées
jusqu'ici, seront admis à la vérification périodique.

Savoir :

Les Mesures décimales de longueur, après qu'on
aura fait disparaître les divisions et les noms relatifs
aux anciennes dénominations ;

Les Mesures décimales pour les matières sèches,
quelle que soit l'espèce de bois dont elles seront
construites ;

Les Mesures décimales en étain, quel que soit
leur poids ;

5

Les Poids décimaux, en fer et en cuivre, quelle que soit leur forme, après qu'on aura fait disparaître l'indication relative aux anciennes dénominations, et pourvu qu'ils portent sur la surface supérieure les noms qui leur sont propres;

Les Poids décimaux, en fer et en cuivre, portant uniquement leurs noms exprimés en myriagrammes, kilogrammes, hectogrammes ou décagrammes;

Les Poids décimaux à l'usage des balances-bascules, pourvu qu'ils ne portent pas d'autre indication que celle de leur valeur réelle;

Enfin, les romaines, dont on aura fait disparaître les anciennes divisions et dénominations, pourvu qu'elles soient graduées en divisions décimales et reconnues oscillantes.

Les Poids et Mesures décimaux placés dans une des catégories qui précèdent ne pourront être conservés par les assujettis qu'autant qu'ils auront subi, avant l'époque de la vérification périodique de l'année 1840, les modifications exigées. Ces Poids et Mesures pourront être rajustés, mais ils ne devront pas être remontés à neuf.

Art. 3. — Tous les Poids et Mesures autres que ceux qui sont provisoirement permis par l'article 2 de la présente ordonnance seront mis hors de service, à partir du 1er janvier 1840.

ART. 4. — Il sera déposé dans tous les bureaux de vérification, des modèles ou des dessins des Poids et Mesures légalement autorisés, pour être communiqués à tous ceux qui voudront en prendre connaissance.

ART. 5. — Notre Ministre secrétaire d'État au département du commerce et de l'agriculture est chargé de l'exécution de la présente ordonnance qui sera publiée au Bulletin des lois.

Fait au Palais de Neuilly, le 16 juin 1839.

Signé LOUIS-PHILIPPE.

Par le Roi :

Le Ministre secrétaire d'État au département de l'agriculture et du commerce.

Signé L. CUNIN-GRIDAINE.

———————

J'ai placé à la fin de chaque Mesure, les tableaux annexés à cette Ordonnance, et des instructions données par M. le Ministre de l'intérieur concernant la vérification des *Poids et Mesures.*

EXPLICATION

DU NOUVEAU SYSTÈME DES POIDS ET MESURES.

COMPARAISONS. RÉDUCTIONS.

Les nouvelles Mesures se composent de six unités principales, qui sont :

1° Le MÈTRE , mesure de *longueur;*

2° L'ARE (100 mètres carrés), mesure *agraire* ou de *surface;*

3° Le STÈRE (mètre cube), mesure de *solidité* ou de *volume;*

4° Le LITRE , mesure de *capacité* pour les *liquides* et les *matières sèches;*

5° Le GRAMME, mesure pour les *poids;*

6° Le FRANC, pour les *monnaies.*

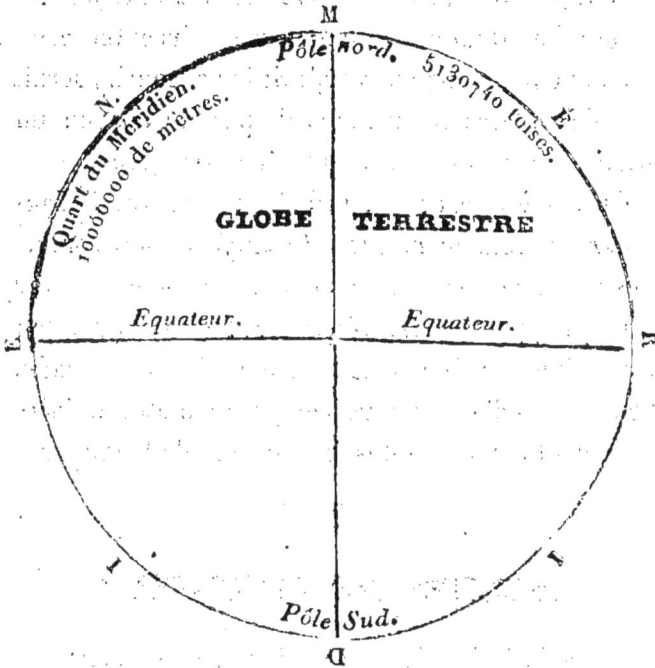

DU MÈTRE.

Le MÈTRE, *unité fondamentale des* Poids *et* Mesures, *est la dix-millionième partie de la longueur
du quart du méridien terrestre.* Cette longueur a
été prise sur le premier méridien qu'adopte la
France, et qui, allant de Dunkerque à Barcelonne,
passe à Paris. *On appelle méridien un grand cer-*

le qui fait le tour de la terre, en passant par les pôles; il a 40 millions de mètres de circonférence : ainsi une personne qui voudrait le parcourir, serait obligée de faire 40 millions de pas de chacun un mètre; elle aurait fait le tour de notre globe.

Ou le mètre est considéré comme mesure de *longueur*, ou comme mesure de *surface*, ou comme mesure de *volume* ou de *solidité*. Dans le premier cas on l'appelle *mètre linéaire*; dans le deuxième cas, *mètre carré*; dans le troisième cas, *mètre cube*. Nous allons d'abord nous occuper du mètre linéaire qui nous fournira toutes les mesures de longueur.

I.

MESURES DE LONGUEUR.

Demi-décimètre (20me de la longueur du mètre).

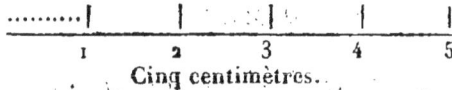

Cinq centimètres.

Du Mètre linéaire ou de longueur.

Lorsque le mètre sert à mesurer la distance qu'il y a d'un point à un autre, d'une ville à une autre ville, les longueurs enfin, ce n'est alors qu'une ligne droite qui vaut en anciennes mesures, 3 pieds, 0 pouce, 11 lignes, 296 millièmes de ligne.

Sous-multiples du Mètre.

Le *mètre linéaire* se partage en plusieurs parties qui sont de dix en dix fois plus petites : ainsi le mètre se divise en dix parties égales appelées *décimètres;* le *décimètre,* en dix parties égales appelées *centimètres;* le *centimètre,* en dix parties égales appelées *millimètres.* Le *millimètre* pourrait encore être supposé divisé en dix parties égales, que l'on nommerait *dix-millièmes* de mètre, etc. Par conséquent le mètre linéaire vaut 10 décimètres linéaires, ou 100 centimètres linéaires, ou 1000 millimètres linéaires. Ces divisions sont dites *sous-multiples du mètre,* parce qu'elles sont contenues un nombre entier de fois dans cette unité principale. Ainsi, par exemple, le décimètre est contenu exactement dix fois dans le mètre, le centimètre, cent fois, etc.

Multiples du Mètre.

Le mètre a aussi des multiples. On appelle ainsi les mesures qui le contiennent un nombre entier de fois, et qui sont de dix en dix fois plus grandes.

Ainsi le *décamètre linéaire* vaut 10 mètres linéaires ; l'*hectomètre*, 100 mètres ; le *kilomètre*, 1000 mètres ; et le *myriamètre*, 10000 mètres ; de sorte que 10 *décamètres* forment un *hectomètre ;* 10 *hectomètres*, un *kilomètre ;* et 10 *kilomètres*, un *myriamètre*. On emploie ces dernières unités de longueur pour mesurer les grandes distances : on place maintenant sur plusieurs routes des bornes ou des poteaux indiquant les kilomètres.

Il est facile de remarquer que l'on forme le nom de ces mesures de dix en dix fois plus petites ou plus grandes, en plaçant, devant le nom de l'unité principale (ici le mètre), les mots :

Milli qui signifie 0,001 millième ⎫ de la mesure
Centi qui signifie 0,01 centième ⎬ devant laquelle ils se
Déci qui signifie 0,1 dixième ⎭ trouvent.

Déca qui signifie. . 10 ⎫
Hecto qui signifie. . 100 ⎬ fois la mesure devant laquelle ils
Kilo qui signifie. . 1000 ⎭ se trouvent.
Myria qui signifie. . 10000 ⎭

Tous ces mots se placent également devant le *litre* et le *gramme* ; et quelques-uns devant l'*are* et le *stère*. Considérés seuls, ils ne désignent aucune mesure.

Prononciation des mesures de longueur.

En se conformant aux règles que j'ai données pour faciliter la prononciation et l'écriture des nombres décimaux (page 6 et suivantes), il est aisé d'énoncer et d'écrire les mesures de longueur; en effet,

1° *Pour énoncer ces dernières, il suffit de prononcer* mètre *au lieu d'*unité, décimètre *au lieu de* dixième, centimètre *au lieu de* centième, *et* millimètre *au lieu de* millième, *etc.*

Ainsi les nombres de mètres linéaires :

4,03   s'énonce ou se prononce 4 mètres 3 centimètres, ou 403 centimètres.

26,421 se prononce 26 mètres 421 millimètres, ou 26421 millimètres.

0,0047 se prononce 47 dix-millièmes de mètre.

Écriture des mesures de longueur.

2° *Pour écrire les mesures de longueur, il faut d'abord écrire le nombre de mètres suivi de la virgule; si le nombre est moindre qu'un mètre, on pose un zéro suivi de la virgule; puis on place les* décimètres *au rang des* dixièmes, *les* centimètres *au rang des* centièmes, *les* millimètres *au rang des* millièmes, *etc.*, *et l'on remplace par des zéro les décimètres, ou centimètres, ou millimètres, etc., qui peuvent manquer.* (Voir page 6 et suivantes, *nombres décimaux*).

Ainsi le nombre énoncé 25 mètres 45 centimètres s'écrirait. . . . . 25,45.

Le nombre 13 mètres 4 **centimètres** s'écrirait . . . . 13,04.

Le nombre 3 millimètres s'écrirait. . . . . 0,003.

La manière de prononcer et d'écrire le *litre*, le *gramme*, le *franc* et leurs divisions étant semblable, je ne le répéterai pas à la suite de ces unités principales.

On peut toujours dire en voyant un nombre de mètres, combien il renferme de *mètres*, de *décamètres*, d'*hectomètres*, de *kilomètres* et de *myriamètres*, puisque les *mètres* sont représentés par les *unités*; les *décamètres*, par les *dizaines*; les *hectomètres*, par les *centaines*; les *kilomètres*, par les *mille*; les *myriamètres*, par les *dizaines de mille*, etc.

Ainsi dans le nombre 32456,235 qui se prononce 32456 mètres 235 millimètres, on voit que le chiffre 6 représente 6 mètres; le chiffre 5 à gauche; 5

décamètres; le chiffre 4, 4 hectomètres; le chiffre 2, 2 kilomètres; et le chiffre 3, 3 myriamètres.

Je ne parlerai pas de l'*addition*, de la *soustraction*, de la *multiplication* et de la *division* des nouvelles mesures : ces opérations étant les mêmes que celles que j'ai précédemment expliquées, je renvoie à ces opérations semblables faites sur les nombres décimaux et je les donne pour modèles. (Voyez page 18 et suivantes).

Comparaison entre les anciennes Mesures de longueur et les nouvelles.

Toise, Pied, Pouce, Ligne. — MÈTRE.

Comme le *mètre*, l'ancienne mesure appelée *toise* a trois noms : *toise linéaire*, pour les longueurs ; *toise carrée*, pour les surfaces; et *toise cube* pour les corps ou solides.

La toise linéaire se divise en six parties égales appelées *pieds*; le *pied*, en douze parties égales appelées *pouces*; le *pouce*, en douze parties égales appelées *lignes*.

Comme on ne peut comparer entr'elles que des unités de même espèce, nous allons d'abord nous occuper du rapport qui existe entre la toise linéaire et le mètre linéaire qui remplace cette ancienne mesure arbitraire. Avant de donner ce rapport, je vais indiquer la manière de l'obtenir.

Rapport de la toise au mètre.

La longueur du quart du méridien terrestre ou la distance du pôle à l'équateur est de 10000000 de mètres, nous l'avons déjà dit: cette même longueur vaut 5130740 toises; par conséquent 5130740 toises valent 10000000 mètres (*car deux quantités égales à une troisième sont égales entr'elles*); mais, si 5130740 toises valent 10000000 de mètres, une toise vaudra 5130740 fois moins de mètres, ou 10000000 de mètres divisés par 5130740 toises : le quotient de cette division est 1 mètre 949 millimètres : donc la toise vaut 1ᵐ,949. Voilà le rapport de la toise linéaire au mètre linéaire. Ainsi,

Conversion des toises en mètres.

Lorsque l'on a des toises linéaires à convertir en mètres linéaires, il faut multiplier le rapport 1,949 par le nombre de toises; le produit exprime des mètres. Cependant si le nombre de toises était très-considérable, il vaudrait mieux se servir du rapport plus approximatif 1,94904.

Exemples :

On demande combien 145 toises valent de mètres?

Opération   1,949

        · · ·

        145

—————

     9745

     7796

     1949

—————

  282,605

      · · ·

Après avoir multiplié le rapport 1,949 par le nombre de toises 145, j'ai obtenu 282 mètres 605 millimètres. J'ai retranché trois chiffres à la droite du produit, parce qu'il y a trois chiffres décimaux dans le multiplicande 1,949.

Autre exemple.

Combien une route de 65025 toises de longueur, a-t-elle de mètres ?

      1,94904

       · · · · ·

       65025

——————

    974520

    389808

  9745200

1169424

——————

126736,32600

       · · · · ·

6

Ici, comme le nombre de toises est considérable, nous avons employé le rapport 1ᵐ,94904, ce qui nous a donné 126736 mètres 326 millimètres. Ces conversions font voir que la toise ne vaut pas tout-à-fait deux mètres.

Rapport du pied au mètre.

Connaissant le rapport de la toise au mètre, il est facile d'obtenir celui du pied à cette nouvelle mesure. Un pied, étant la sixième partie d'une toise vaudra, en mètre, la sixième partie du rapport 1,ᵐ94904 ou 0ᵐ,32484 cent-millièmes de mètre. Ainsi,

Conversion des pieds en mètre.

Pour convertir des pieds en mètres, il faut multiplier le rapport 0,32484 par le nombre de pieds linéaires; le produit exprime des mètres.

Exemple :

Combien 5 pieds valent-ils de mètres ?

$$0,32484$$
$$5$$
$$\overline{1,62420}$$

Cinq pieds valent 1 mètre 624 millimètres.

On pourrait à la rigueur n'employer que ce rapport 0,32484, en convertissant d'abord les toises en pieds, puis en multipliant ce dernier rapport par la quantité de pieds.

Rapport du pouce et de la ligne au mètre.

En faisant le même raisonnement, on obtiendrait le rapport du pouce et de la ligne au mètre ; disons seulement que le pouce vaut en mètres 0,027070 ; et la ligne , 0,002256.

Par les exemples précédents, il est aisé de voir que la toise ne vaut pas tout-à-fait deux mètres, c'est-à-dire 1^m,949 ; de sorte que si le mètre d'ouvrage coûtait 1 franc, une toise vaudrait 1 franc 94 à 95 centimes.

En général quand on veut convertir des anciennes mesures en nouvelles, il faut multiplier le rapport qui existe entre l'ancienne et la nouvelle, par le nombre qui représente les mesures anciennes. Le produit de cette multiplication exprime des mesures nouvelles.

Nous trouverons plus loin un tableau indiquant la réduction des anciennes mesures en nouvelles

Comparaison entre les nouvelles mesures de lon-
gueur, et les anciennes.

MÈTRE. — Toise, Pied, Pouce, Ligne.

Non seulement, il faut connaître le rapport de la
toise au mètre; mais encore, celui du mètre à la
toise, afin de pouvoir convertir les mètres linéaires
en toises linéaires, à l'aide de la multiplication.
Je vais déterminer ce rapport par un moyen analogue à celui que j'ai déjà employé.

Rapport du mètre à la toise.

Nous savons que la distance du pôle à l'équateur,
ou la longueur du quart du méridien terrestre vaut
10000000 de mètres, ou 5130740 toises : 10000000
de mètres égalent donc 5130740 toises; un mètre
égale 10000000 de fois moins que 5130740 toises,
ou 5130740 divisé par 10000000, ou 0, toise 51307
cent-millièmes de toise. Le rapport du mètre à
la toise est donc 0,51307. Ainsi,

Conversion des mètres en toises.

Quand on a des mètres linéaires à convertir en
toises linéaires, il faut multiplier le rapport
0,51307 par le nombre de toises. Le produit ex-
prime des toises.

Exemples :

Combien 425^m,45 valent-ils de toises ?

$$0,51307$$
$$425,45$$

$$
\begin{array}{r}
256535 \\
205228 \\
256535 \\
102614 \\
205228 \\
\hline
218,2856315
\end{array}
$$

Après avoir multiplié le rapport 0,51307 par le nombre de mètres 425,45, et avoir retranché sept chiffres à la droite du produit, j'ai eu 218 toises plus 285 millièmes de toise.

Si l'on veut convertir les 285 millièmes de toise en pieds, pouces, lignes, *il faut d'abord les multiplier par 6, ce qui donne 1,710 ; la partie entière 1 exprime 1 pied; et la partie décimale 0,710 peut être convertie en pouces, en la multipliant par 12, le produit est 8,520; la partie entière 8 représente des pouces, et la partie décimale 530; je la multiplie par 12 pour avoir des lignes, ce qui donne 6,240; la partie entière 6 représente* 6.

des lignes , et le reste 240 *exprime des millièmes de lignes.*

Ainsi 285 millièmes de toise valent 1 pied 8 pouces 6 lignes 240/1000 de ligne.

Combien 0,24 centimètres valent-ils en toise ?

$$0,51307$$
$$\cdots\cdots$$
$$0,24$$
$$\overline{205228}$$
$$102614$$
$$\overline{0,1231368}$$
$$\cdots\cdots$$

24 centimètres valent donc les 123 millièmes d'une toise; ou bien, en convertissant comme ci-dessus, 0 pied 8 pouces 10 lignes 272/1000 de ligne.

D'après ces exemples, il est facile de remarquer que le mètre est un peu plus grand que la moitié de la toise.

En général, quand on veut convertir des mesures nouvelles en ancienne, il faut multiplier le rapport qui existe entre la nouvelle et l'ancienne, par le nombre qui représente les mesures nouvelles. Le produit de cette multiplication exprime les mesures anciennes.

J'ai indiqué la manière de convertir les toises en

mètres et réciproquement, parce qu'il est impossible que ceux qui ne connaissent point le mètre,
qui ne l'ont jamais employé, l'adoptent à l'ins-
tant; il faut nécessairement qu'ils sachent le
rapport qui existe entre cette nouvelle mesure et
l'ancienne. A cet effet, on trouvera à la suite des
mesures de longueur, des tables de réduction.
Quand les ouvriers, par exemple, seront familia-
risés avec ce rapport, ils abandonneront aussitôt
la toise pour se servir du mètre, qu'ils auront remarqué être un peu plus grand que la moitié de la
toise. Alors, au lieu de demander 2 fr. par mètre,
somme qu'ils exigeaient, je suppose, pour une toise
linéaire, ils ne réclameront qu'un peu plus de la
moitié de 2 fr., c'est-à-dire 1 fr. 2 ou 3 centimes.
Si une toise de fossé était payée 1 fr., le mètre serait payé 51 centimes.

DE LA CIRCONFÉRENCE.

Autrefois la circonférence de la terre et toute
circonférence se divisait en 360 parties égales appelées *degrés*. Le degré se divisait en 60 parties
égales appelées *minutes;* la minute, en 60 parties
égales appelées *secondes;* la seconde, en 60 parties
égales appelées *tierces.* Le degré terrestre valait

25 lieues terrestres, ou 20 lieues marines. Mais pour se conformer à la division décimale, la circonférence est maintenant divisée en 400 parties égales appelées *grades* ou *degrés centésimaux*; d'où le quart de la circonférence vaut 100 degrés; le degré vaut 100 minutes; la minute, 100 secondes; la seconde, 100 tierces.

La lieue terrestre valait 4444 mètres, 444 millimètres, etc., ou 4 kilom., 444 mètres, 444 millimètres.

La lieue marine valait 5555 mètres, 555 millimètres, etc., ou 5 kilom., 555 mètres, 555 millimètres, etc.

La lieue de poste valait 2000 toises ou 3898 mètres, c'est-à-dire 3 kilom., 898 mètres, etc.

La nouvelle lieue vaut 4000 mètres ou 4 kilomètres; chaque kilomètre, déjà sur plusieurs routes, est indiqué par un poteau.

MÈTRE-AUNE.

Le mètre remplace encore l'*aune*, ancienne mesure pour les étoffes. Elle se divisait en 1/2, 1/3, 1/4, 1/6, 1/8, 1/12, 1/16, etc., et valait, à Paris, 3 pieds 7 pouces 10 lignes, plus 5/6 de ligne.

AUNE-MÈTRE.

Conversion de l'aune en mètre.

L'aune de Paris vaut 1ᵐ,1884, c'est-à-dire 1 mètre plus les 1884 dix-millièmes d'un mètre; de sorte que si l'aune coûtait 1 fr. 18 ou 19 centimes, je suppose; le mètre de la même étoffe ne devrait être vendu que 1 fr.

Puisque l'aune vaut en mètre 1ᵐ,1884, si l'on avait, par exemple, 24 aunes de Paris à convertir en mètres, il faudrait multiplier le rapport 1,1884 par le nombre d'aunes, ici 24.

Exemple :

$$
\begin{array}{r}
1,1884 \\
\ldots \\
24 \\
\hline
47536 \\
23768 \\
\hline
\end{array}
$$

Produit. 28,5216

Le produit 28,5216 exprime que les 24 aunes de Paris valent 28 mètres plus 52 centimètres, etc.

Si l'on avait 1/3 ou 1/4, etc., d'aune à convertir en mètre, il suffirait de prendre le 1/3 ou le 1/4, etc., du rapport 1ᵐ,1884; ce qui donnerait 0ᵐ,396 millimètres, ou 0ᵐ, 297 millimètres, etc.

MÈTRE-AUNE.

Conversion du mètre en aune.

Le mètre vaut en aune de Paris 0ª,8414 ; c'est-à-dire qu'il n'est pas si grand qu'une aune, et vaut seulement les 8414 dix-millièmes d'une aune ; de sorte que si cette dernière était achetée 1 fr., le mètre de la même étoffe ne devrait être vendu que 84 centimes et quelque chose moindre que 1 centime, Ainsi,

Pour convertir des mètres en aunes de Paris, il faut multiplier le rapport 0ª,8414 par le nombre de mètres ; le produit exprime des aunes.

Exemple :

Soit à convertir 45 mètres en aunes.

Opération. 0,8414

$$45$$
$$\overline{42070}$$
$$33656.$$

Produit . . $\overline{37,8630}$

D'après le produit, on voit que 45 mètres valent 37 aunes plus les 863 millièmes d'une aune.

On trouvera à la fin des mesures de longueur des tableaux indiquant la réduction des aunes en mètres, et des mètres en aunes.

RÉSUMÉ.

TABLEAU indiquant le rapport des anciennes mesures de longueur en nouvelles, et des nouvelles en anciennes.

La toise vaut, en mètre. . . . . . . 1^m,94904

Le pied vaut, en mètre. . . . . . . 0^m,32484

Le pouce vaut, en mètre. . . . . . . 0^m,02707

La ligne vaut, en mètre. . . . . . . 0^m,00225

Le mètre vaut, en toise. . . . . . . 0^t,51307

Le mètre vaut, en pieds. . . . . . . 3^p,07844

Le mètre vaut, en pouces. . . . . 36^p,9413

Le mètre vaut, en lignes. . . . . 443^l,296

La lieue terrestre, de 2280 toises,

   vaut en kilomètres. . . . . 4^k,4444

La lieue marine, de 2850 toises, vaut,

   en kilomètres. . . . . 5^k,5555

Le kilomètre vaut, en lieue terrestre 0^l,225

Le kilomètre vaut, en lieue marine 0^l,18

L'aune de Paris vaut, en mètre . . . 1^m,1884

Le mètre vaut, en aune de Paris . . 0^a,8414

Ceux qui voudraient convertir les toises en mètres et réciproquement, sans se servir des tableaux de réduction, n'auraient que deux rapports à se rappeler, qui sont 1,949 et 0,513.

Extrait de l'ordonnance du Roi.

N° 1.

MESURES DE LONGUEUR QUI SERONT EMPLOYÉES.

NOMS DES MESURES.	NOMS DES MESURES.
Double-décamètre.	Mètre.
Décamètre.	Demi-mètre.
Demi-décamètre.	Double-décimètre.
Double-mètre.	Décimètre.

Ces mesures devront être construites en métal, en bois, ou autre matière solide.

Elles pourront être établies dans la forme qui conviendra le mieux aux usages auxquels elles sont destinées.

Indépendamment des mesures d'une seule pièce, il est permis de faire des mesures brisées, pourvu que le nombre de leurs parties soit deux, cinq ou dix.

Les mesures devront être construites avec solidité.

Des garnitures en métal devront être adaptées aux extrémités des mesures en bois, du mètre, de son double et de sa moitié.

Les divisions en centimètres ou millimètres de

vront être exactes, déliées et d'équerre avec la longueur de la mesure.

Le nom propre à chaque mesure sera gravé sur la face supérieure de la mesure, qui devra porter aussi le nom ou la marque du fabricant.

Le décamètre, son double et sa moitié, construits en forme de chaîne, devront avoir des chaînons d'une force suffisante et de la longueur de deux ou de cinq décimètres; les anneaux, à chaque mètre, seront exécutés avec un métal d'une couleur différente de celle du métal employé pour les autres anneaux.

Extrait des instructions données par M. le ministre de l'intérieur.

VÉRIFICATION DES MESURES DE LONGUEUR.

NOMS DES MESURES.	Les erreurs tolérables sur ces mesures sont :	
	En plus seulement pour les mesures en bois.	En plus et en moins pour les mesures en métal.
	millimètres	millimètres
Double-mètre..	1, 5	0, 2
Mètre.........	1, 0	0, 2
Demi-mètre....	0, 6	0, 1
Double-décimètre.	0, 4	0, 1
Décimètre......	0, 3	0, 1

Les mesures de longueur brisées ne peuvent être divisées qu'en deux, cinq ou dix parties.

7

MESURES LINÉAIRES OU DE LONGUEUR.

TABLEAU indiquant la *réduction* des *toises*, des *pieds*, des *pouces* et des *lignes* (mesures linéaires anciennes) en mètres et divisions du mètre de longueur.

Les trois premiers chiffres placés à la droite de la virgule représentent des millimètres.

TOISES	EN MÈTRES.	PIEDS	EN MÈTRES.	POUCES	EN MÈT.
	M.		M.		M.
1	1, 94904	1	0, 32484	1	0,027070
2	3, 89807	2	0, 64968	2	0,054140
3	5, 84711	3	0, 97452	3	0,081210
4	7, 79615	4	1, 29936	4	0,108280
5	9, 74519	5	1, 62420	5	0,135350
6	11, 69422	6	1, 94904	6	0,162419
7	13, 64322	7	2, 27388	7	0,189489
8	15, 59230	8	2, 59872	8	0,216559
9	17, 54133	9	2, 92356	9	0,243629
10	19, 49037	10	3, 24840	10	0,270699
20	38, 98073	20	6, 49679	11	0,297769
30	58, 47110	30	9, 74518	12	0,324839
40	77, 96146	40	12, 99358	LIGNES	EN MÈT.
50	97, 45183	50	16, 24197		
60	116, 94220	60	19, 49037		M. P.C.M.
70	136, 43256	70	22, 73876	1	0,002256
80	155, 92293	80	25, 98715	2	0,004512
90	175, 41329	90	29, 23555	3	0,006768
100	194, 90366	100	32, 48394	4	0,009024
200	389, 80732	200	64, 96789	5	0,011280
300	584, 71098	300	97, 45183	6	0,013536
400	779, 61464	400	129, 93577	7	0,015792
500	974, 51830	500	162, 41972	8	0,018048
600	1169, 42195	600	194, 90366	9	0,020304
700	1364, 32561	700	227, 38760	10	0,022560
800	1559, 22927	800	259, 87155	11	0,024816
900	1754, 13293	900	292, 35549	12	0,027070
1000	1949, 03659	1000	324, 83943		

TABLEAU indiquant la *réduction* des *mètres*, des *décimètres*, des *centimètres* et des *millimètres* en toises, pieds, pouces et lignes (mesures linéaires anciennes).

MÈTRES	EN TOISES	PIEDS	POUCES	LIGNES	MILLIÈMES de LIGNE.
	T.				
1	0, 513074	3	0	11	296
2	1, 026148	6	1	10	593
3	1, 539222	9	2	9	988
4	2, 052296	12	3	9	184
5	2, 565370	15	4	8	480
6	3, 078444	18	5	7	776
7	3, 591518	21	6	7	072
8	4, 104592	24	7	6	368
9	4, 617666	27	8	5	664
10	5, 13074	30	9	4	960
20	10, 26148	61	6	9	920
30	15, 39222	92	4	2	880
40	20, 52296	123	1	7	840
50	25, 65370	153	11	0	800
60	30, 78444	184	8	5	760
70	35, 91518	215	5	10	720
80	41, 04592	246	3	3	680
90	46, 17666	277	0	8	640
100	51, 3074	307	10	1	600

DÉCI-MÈTRES	EN PIEDS.	POUCES	LIGNES	CENTI-MÈTRES	EN POUCES	LIGNES	MILLI-MÈTRES	EN LIGNES
1	0	3	8,330	1	0	4,333	1	0,443
2	0	7	4,659	2	0	8,866	2	0,887
3	0	11	0,989	3	1	1,299	3	1,330
4	1	2	9,318	4	1	5,732	4	1,773
5	1	6	5,648	5	1	10,165	5	2,216
6	1	10	1,977	6	2	2,598	6	2,660
7	2	1	10,307	7	2	7,031	7	3,103
8	2	5	6,637	8	2	11,464	8	3,546
9	2	9	2,966	9	3	3,897	9	3,990
10	3	0	11,296	10	3	8,330	10	4,443

TABLEAU de *réduction des aunes anciennes, des aunes usuelles, et des fractions de ces dernières, en mètres.*

Aunes anciennes	en Mètres.	Aunes en usage	en Mètres.	Fractions d'Aune en usage	en Mètres.	Fractions d'Aune en usage	en Mètres.
	m. mil.		m. d.		m.		
1	1, 188	1	1, 2	1/2	0,6	5/12	0,50
2	2, 377	2	2, 4	1/3	0,4	7/12	0,70
3	3, 565	3	3, 6	2/3	0,8	11/12	1,10
4	4, 754	4	4, 8	1/4	0,3	1/16	0,075
5	5, 942	5	6, 0	3/4	0,9	3/16	0,225
6	7, 131	6	7, 2	1/6	0,2	5/16	0,375
7	8, 319	7	8, 4	5/6	1,0	7/16	0,525
8	9, 508	8	9, 6	1/8	0,15	9/16	0,675
9	10, 696	9	10, 8	3/8	0,45	11/16	0,825
10	11, 884	10	12, 0	5/8	0,75	13/16	0,975
La partie décimale exprime des milliemes.		La partie décimale exprime des décimètres.		7/8	1,05	15/16	1,125
				1/12	0,10		

L'aune nouvelle vaut 120 centimètres.

TABLEAU de réduction des centimètres, des décimètres et des mètres en aunes anciennes, en aunes nouvelles et en fractions de ces dernières.

Centimètres	en Aunes anciennes.	Décimètres	en Aunes anciennes.	Mètres	en Aunes anciennes.	Mètres	en Aunes et fractions de l'aune usuelle.	Mètres	en Aunes et fractions de l'aune usuelle.
1	a. 0,008	1	a. 0,084	1	a. 0,84	1	a. 0, 5/6	20	a. 16 2/3
2	0,017	2	0,168	2	1,68	2	1, 2/3	30	25
3	0,025	3	0,252	3	2,52	3	2, 1/2	40	33 1/3
4	0,034	4	0,337	4	3,37	4	3, 1/3	50	41 2/3
5	0,042	5	0,421	5	4,21	5	4, 1/6	60	50
6	0,050	6	0,505	6	5,05	6	5,	70	58 1/3
7	0,059	7	0,589	7	5,89	7	5, 5/6	80	66 2/3
8	0,067	8	0,673	8	6,73	8	6, 2/3	90	75
9	0,076	9	0,757	9	7,57	9	7, 1/2	100	83 1/3
10	0,084	10	0,840	10	8,41	10	8, 1/3		

7.

II.

MESURES AGRAIRES,

DE SURFACE OU DE SUPERFICIE.

DU MÈTRE CARRÉ.

Centiare, Are, Hectare.

Après avoir expliqué le mètre linéaire ou de longueur, nous arrivons au mètre carré, qui est l'unité adoptée pour mesurer les surfaces.

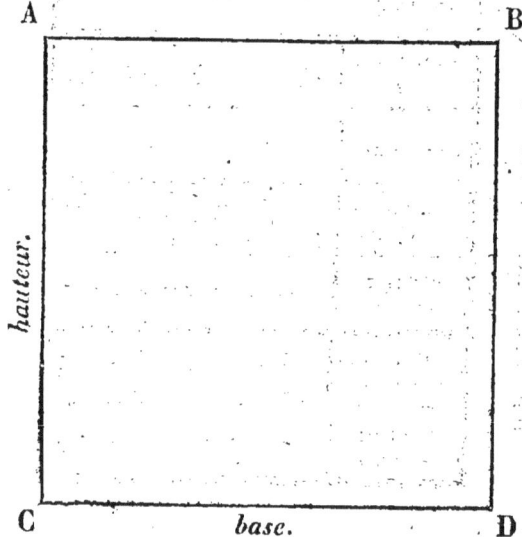

A   B

hauteur.

e

C   *base.*   D

On appelle mètre carré, un carré dont chaque

côté a un mètre de longueur : ainsi le carré ci-dessus A B C D serait un mètre carré si chacun des côtés AB, BD, DC, CA, avait un mètre de longueur.

Sous-multiples du mètre carré.

Ici les divisions de l'unité principale ne sont pas de dix en dix, mais de cent en cent fois plus petites. Le mètre carré se divise donc en cent parties égales appelées *décimètres carrés*. En effet, pour obtenir la surface d'un carré, il faut multiplier les unités contenues dans la base par les unités contenues dans la hauteur; mais dans un carré, la base est égale à la hauteur; mais dans le mètre carré, chacune de ces dimensions a un mètre ou dix décimètres de longueur; or, la base dix décimètres multipliée par la hauteur aussi de dix décimètres, donne cent décimètres carrés. Le mètre carré vaut donc cent décimètres carrés. Par la même raison, le *décimètre carré* vaut cent centimètres carrés; le *centimètre carré* vaut cent *millimètres carrés*.

Voilà les sous-multiples du mètre carré.

Multiples du mètre carré.

Les multiples du mètre carré sont des carrés dont les côtés sont de dix en dix fois plus grands, et les surfaces de ces carrés sont de cent en cent fois plus grandes. Ainsi :

Le *décamètre carré* (ARE) est un carré dont chaque côté a dix mètres, c'est-à-dire la longueur de la chaîne dont on se sert pour arpenter ; sa surface est donc égale à 10 multiplié par 10, ou à 100 mètres carrés.

L'*hectomètre carré* (HECTARE) est un carré qui a 100 mètres de côté, et vaut par conséquent 100 multiplié par 100, ou 10000 mètres carrés, ou 100 décamètres carrés.

Le *kilomètre carré* est un carré qui a 1000 mètres de côté, et dont la surface est de 1000000 mètres carrés, ou de 100 hectomètres carrés, ou de 10000 décamètres carrés.

Le *myriamètre carré* est un carré qui a 10000 mètres de côté, et qui vaut 10000 multiplié par 10000, ou 100000000 de mètres carrés, ou 100 kilomètres carrés, ou 10000 hectomètres carrés, ou 1000000 décamètres carrés.

Ces deux dernières mesures remplacent les lieues carrées, et sont employées en géographie pour évaluer la surface d'une grande étendue de pays.

Pour mesurer la surface des champs, on prend pour unité de mesure un carré de 10 mètres de

côté, et de 100 mètres carrés de surface, nommé
Are; cette unité agraire est tout simplement le décamètre carré dont nous avons parlé ; et le *Centiare*
n'est autre chose qu'un mètre carré ou la centième
partie de l'are. La réunion de 100 ares ou de 100
décamètres carrés donne l'*Hectare,* qui vaut 10000
mètres carrés ou centiares, et est égal à l'hectomètre carré. L'hectare vaut donc 100 ares; l'are,
100 centiares.

Prononciation ou lecture des mesures carrées.

Le mètre carré, comme nous venons de le voir,
se divise en cent parties égales appelées décimètres
carrés : le décimètre carré est donc un centième
de l'unité principale; les décimètres carrés seront
donc représentés *par les centièmes*, c'est-à-dire par
les deux premiers chiffres qui viennent immédiatement à la droite de la virgule. Le décimètre carré
se divise en cent parties égales, appelées centimètres carrés; le centimètre carré est donc un centième du décimètre carré, ou la dix-millième partie
du mètre carré; par conséquent les centimètres
carrés seront représentés par les *dix-millièmes de
l'unité,* c'est-à-dire par les deux chiffres venant à
la droite des décimètres carrés; et par la même

raison les deux chiffres suivants représenteront *des millimètres carrés.* Ainsi,

Pour prononcer un nombre écrit de mesures carrées, il faut appeler mètres carrés le nombre placé à la gauche de la virgule, puis prononcer décimètres carrés le nombre représenté par les deux premiers chiffres à droite de la virgule, puis centimètres carrés le nombre formé des deux chiffres suivants; or, s'il reste encore un nombre de deux chiffres à droite, il représente des millimètres carrés. De sorte que si l'on divisait la partie décimale, en partant de la virgule, en tranches de deux chiffres, la première de ces tranches représenterait des décimètres carrés; la deuxième, des centimètres carrés; et la troisième, des millimètres carrés.

Ainsi chacune des mesures carrées suivantes :

33,174527 se prononce 33 mètres carrés, 17 décimètres carrés, 45 centimètres carrés, 27 millimètres carrés; ou 33174527 millimètres carrés; ou mieux encore, 33 mètres carrés, 174527 millimètres carrés.

125,5007 se prononce 125 mètres carrés, 50 décimètres carrés, 7 centimètres carrés;

ou 1255007 centimètres carrés; ou mieux, 125 mètres carrés, 5007 centimètres carrés.

0,0203 se prononce 0 mètre carré, 2 décimètres carrés, 3 centimètres carrés; ou 203 centimètres carrés.

Ecriture des mesures carrées.

Pour écrire les mesures carrées, il faut d'abord écrire le nombre de mètres carrés suivi de la virgule; si le nombre est moindre qu'un mètre carré, on pose un zéro suivi de la virgule; puis on écrit les décimètres carrés comme des centièmes; les centimètres carrés, comme les dix-millièmes; et les millimètres carrés, comme les millionièmes. De sorte que pour écrire les décimètres carrés, il faut deux *chiffres décimaux,* quatre *pour les centimètres carrés, et* six *pour les millimètres carrés,*

Ainsi le nombre prononcé 15 mètres, 42 décimètres, 75 centimètres carrés, ou 4275 centimètres carrés; ou mieux encore, 15 mètres carrés, 4275 centimètres carrés,

M	D	C
s'écrirait. . . . . . 15, | 42 | 75 |

Le nombre 8 mètres 8 décimètres carrés,

s'écrirait. 8, 08

Le nombre 4 mètres 40 centimètres carrés,

s'écrirait. 4, 00 40

Le nombre 0 mètre 215 millimètres carrés,

s'écrirait. 0, 00 02 15

Il est fort important de retenir la division, la prononciation et l'écriture des mesures de surface.

Dans un nombre de mètres carrés on peut toujours dire aussi combien il y a de centiares, d'ares et d'hectares, dans la partie entière. En effet, les centiares sont représentés par les deux premiers chiffres placés immédiatement à la gauche de la virgule, les ares sont représentés par les deux chiffres suivants à gauche; et les hectares, par les autres chiffres qui viennent ensuite; de sorte que si, partant de la virgule et allant vers la gauche, on séparait la partie entière en tranches de deux chiffres, la première exprimerait des centiares ou mètres carrés; la deuxième, des ares ou décamètres carrés; et les autres chiffres à gauche, des hectares ou hectomètres carrés.

Ainsi dans le nombre 2760430 mètres carrés, il y a 276 hectares, 4 ares, 30 centiares; dans l'autre 7839 il y a 78 ares, 39 centiares.

COMPARAISON

ENTRE LES ANCIENNES MESURES DE SURFACE ET LES NOUVELLES.

TOISE, PIED, POUCE, LIGNE CARRÉS.
ARPENT, PERCHE.

HECTARE, ARE, CENTIARE ou Mètre carré.

Autrefois pour mesurer les surfaces, on employait la toise carrée, le pied carré, le pouce carré et la ligne carrée, ainsi que l'arpent et la perche.

TOISE CARRÉE. — MÈTRE CARRÉ.

On se servait de la toise carrée quand il s'agissait de surfaces peu considérables, comme la superficie d'un *mur*, d'un *plafond,* etc. Cette mesure était un carré dont chaque côté avait une toise linéaire, ou 6 pieds, ou 1^m,949 de longueur (puisque la toise linéaire vaut 1 mètre 949 millimè-

8

tres). Or, pour avoir la surface d'un carré, comme il faut multiplier la base par la hauteur, ou bien un côté par lui-même, il résulte que 6 multiplié par 6, ou 1ᵐ,949 multiplié par 1ᵐ,949, donne en anciennes mesures 36 pieds carrés, et en nouvelles 3 mètres 79 décimètres carrés, ou plus exactement 3ᵐ,798744; par conséquent 36 pieds carrés valent 3ᵐ,798744; et un pied carré qui est la 36ᵐᵉ partie de 36 pieds vaut en mètre carré 36 fois moins ou 0ᵐ,105521, c'est-à-dire les 105521 millionièmes d'un mètre carré, ou un peu plus que le dixième du mètre carré.

Rapport de la Toise carrée au Mètre carré.

Ainsi la toise carrée, qui valait 36 pieds carrés, vaut 3ᵐ,798744, c'est-à-dire qu'il faut 3 mètres carrés et pour ainsi dire les 4/5 (4 cinquièmes) d'un mètre carré pour égaler la grandeur de la toise carrée. De sorte que si une toise carrée de peinture était autrefois payée 3 francs et les 4/5 d'un franc, ou 3 francs 79 à 80 centimes, on devrait maintenant exiger 1 franc pour un mètre carré de peinture au même prix. Le pied carré étant un peu plus grand que la dixième partie du mètre carré, si un pied carré de dorure coûtait 1 franc, un mètre carré coûterait un peu moins que 10 francs, c'est-à-dire 9 francs 47 à 48 centimes; parce que le mètre carré vaut 9 pieds carrés plus 47 à 48 centièmes de pied carré.

Conversion des Toises, des Pieds, etc., carrés, en Mètres carrés.

Il est souvent nécessaire de savoir combien un certain nombre de toises, de pieds, etc., carrés, vaut de mètres carrés.

1° *Quand on a un nombre entier de toises carrées, comme 4, ou 7, ou 9 toises à convertir en mètres carrés, il faut multiplier le rapport* $3^m,798744$ *par le nombre de toises, parce que le rapport de la toise carrée au mètre carré est* $3^m,798744$.

2° *Mais comme il arrive ordinairement qu'une surface contient des toises carrées, plus un certain nombre de pieds carrés moindre qu'une toise, il vaut mieux réduire ces mesures carrées en pieds carrés, puis multiplier le rapport du pied carré au mètre carré, qui est* $0^m,105521$ *par le nombre de pieds carrés trouvés. On obtient un produit, à la droite duquel on retranche six chiffres, au moyen de la virgule; parce qu'il y a six chiffres décimaux dans le rapport* $0^m,105521$. *Alors les chiffres pla-*

cés à gauche de la virgule représentent des mètres carrés ; puis les deux premiers chiffres qui viennent à droite, expriment des décimètres carrés ; et les deux suivants, des centimètres carrés, etc.

Exemple :

Combien 15 toises carrées valent-elles de mètres carrés ?

La toise carrée vaut 3ᵐ,798744, c'est-à-dire 3 mètres carrés 798744 millionièmes de mètre carré ; 15 toises vaudront donc 15 fois 3,798744, ou 3,798744 multiplié par 15.

Opération.

$$
\begin{array}{r}
3,798744 \\
15 \\
\hline
18993720 \\
3798744 \\
\hline
\end{array}
$$

Produit. . . 56,981160

Après avoir retranché au produit six chiffres décimaux, on a 56,981160, c'est-à-dire 56 mètres carrés, plus 98 décimètres carrés, 11 centimètres carrés, 60 millimètres carrés. Ainsi les 15 toises carrées valent 56 mètres carrés, 98 décimètres carrés, 11 centimètres carrés, 60 millimètres carrés.

Mais, comme on a rarement un nombre entier de toises carrées à convertir, on emploie plus souvent la seconde méthode.

Exemples.

Combien 29 toises carrées, plus 27 pieds carrés valent-ils de mètres carrés ?

Réduisons les 29 toises en pieds carrés, puis ajoutons les 27 pieds carrés : une toise est un carré de 6 pieds de côté, ou de 36 pieds carrés de surface, 29 toises valent donc 29 fois 36, ou 1044 pieds carrés, auxquels il faut ajouter les 27 pieds carrés, ce qui donne 1071 pieds carrés ; mais un pied carré vaut en mètre 0,105521 ; 1071 pieds vaudront 1071 fois 0,105521, ou 0,105521 multiplié par 1071.

Opération.

$$
\begin{array}{r}
0,105521 \\
1071 \\
\hline
105521 \\
738647 \\
1055210 \\
\hline
113^{m},012991
\end{array}
$$

8

Nous voyons donc que les 29 toises carrées, plus les 27 pieds carrés valent 113 mètres carrés, plus 1 décimètre carré, 29 centimètres carrés, et 91 millimètres carrés.

Combien 13 pieds carrés valent-ils de mètres carrés?

Un pied carré vaut 0ᵐ,105521; 13 pieds carrés vaudront donc 13 fois plus, ou 0,105521 multiplié par 13.

Opération.

$$0,105521$$
$$13$$
$$316563$$
$$105521$$
$$1,371773$$

Les 13 pieds carrés valent par conséquent 1 mètre carré, 37 décimètres, 17 centimètres et 73 millimètres carrés; ou bien 1 mètre carré, 371773 millimètres carrés.

Je crois que les exemples que je viens de donner suffisent pour faire comprendre la manière de convertir la toise et le pied carré en mètres carrés; cependant, j'ajouterai que le pouce carré vaut en mètre carré 0ᵐ,00073278, c'est-à-dire pas un mètre, mais les 73278 cent-millionièmes d'un mètre carré; et que la ligne carrée vaut en mètre carré 0ᵐ,000005089, ou bien les 5089 billionièmes d'un mètre carré.

MÈTRE CARRÉ. — TOISE CARRÉE.

Conversion des mètres carrés en toises, pieds, etc., carrés.

Pour convertir des mètres carrés en toises et en pieds carrés, il faut diviser le nombre de mètres carrés donné, par le rapport 0,105521. Le quotient de cette divison donne des pieds carrés, que l'on convertit en toises carrées, en divisant ce premier quotient par 36; le second quotient de cette nouvelle division exprime des toises carrées; et s'il y a un reste, il représente des pieds carrés.

Exemples :

Combien 179 mètres carrés valent-ils de toises et de pieds carrés?

1ʳᵉ *Opération.*

1790000000|105521
. . . . . .|. . . . . .

. 734790 .|1696 pieds carrés.
1016640.   Premier quotient.
. 669510
Premier reste . 36384
———————— ièmes de pied carré.
105521

2ᵉ Opération.

$$1696 | 36$$
$$256 | 47 \text{ toises carrées.}$$

Second reste . 4 | Second quotient.
pieds carrés. |

Après avoir observé les règles indiquées pour effectuer la division des nombres décimaux, j'ai obtenu, au premier quotient, 1696 pieds carrés ; en divisant ce nombre par 36, j'ai eu le second quotient 47 qui représente des toises carrées ; et le reste 4 pieds carrés.

Combien 15 mètres 235 centimètres carrés valent-ils de toises et de pieds carrés ?

J'écris le nombre de mètres carrés 15ᵐ,0235 que je divise par le rapport 0,105521.

1ʳᵉ Opération.

$$15023500 | 105521$$

.447140 | 142 pieds carrés.
.250560 1ᵉʳ quotient.

Premier reste . 39518 ièmes de pied carré.
————
105521

2ᵉ Opération.

$$142 | 36$$

Second reste 34 | 3 toises carrées.
Pieds carrés. | Second quotient.

Ainsi 15 mètres carrés 235 centimètres carrés
doiment 3 toises carrées, 34 pieds carrés, plus une
fraction de pied carré.

Je conseille à ceux qui ne comprendraient pas
les divisions ci-dessus, de revoir attentivement la
théorie que j'ai donnée précédemment sur la division des nombres décimaux. (Voyez page 31 et suivantes).

ARPENT, PERCHE. — HECTARE, ARE, CENTIARE.

L'arpent et la perche étaient appelés mesures
agraires parce qu'on les employait pour mesurer des
surfaces considérables, comme les champs. L'arpent était plus ou moins grand, tantôt il valait 100
perches, tantôt 144 perches, etc.; la perche était
aussi une mesure arbitraire : c'était un carré dont
le côté avait ou 22 pieds, ou 20 pieds, ou 18 pieds,
même 17 pieds et quelques pouces de longueur.
Ces mesures carrées variaient à l'infini; en changeant de nom, elles changeaient aussi de grandeur;
ainsi dans certaines parties de la France, on donnait
le nom de *verges*, de *mines*, de *jalois*, de *jour-
naux*, etc., aux mesures de superficie.

Toutes ces mesures carrées pouvant s'évaluer
en pieds carrés, il est facile de les convertir en

mètres carrés : car nous savons que le pied carré vaut en mètre carré $0^m,105521$. En multipliant le nombre de pieds carrés par ce rapport $0,105521$: le produit de cette multiplication représente des mètres carrés ou centiares qu'il est facile de transformer en ares et hectares. Au contraire, pour convertir les mesures carrées nouvelles en anciennes, il faut diviser le nombre de mètres carrés contenus dans les premières par le même rapport $0,105521$, le quotient de cette division exprime des pieds carrés, dont on peut faire des perches et des arpents. Je vais expliquer ces diverses opérations.

Conversion des arpents, des perches, etc., en hectares, ares et centiares.

Pour convertir des perches, des arpents, enfin des mesures carrées quelles qu'elles soient, en centiares, ares et hectares, il faut chercher combien l'ancienne mesure carrée dont il s'agit contient de pieds carrés, puis multiplier le rapport $0,105521$ par ce nombre de pieds carrés, ce qui donne un produit; au moyen de la virgule, on retranche six chiffres à la droite de ce produit. En partant de la virgule, on sépare en tranches de deux chiffres les chiffres placés à la gauche; alors la première

tranche représente des centiares ; la seconde, des
ares ; et les chiffres qui viennent ensuite à gauche,
des hectares ; puis les deux premiers chiffres placés
à droite de la virgule expriment des décimètres
carrés ; les deux suivants, des centimètres carrés, etc.

Les opérations suivantes feront retenir ce que je
viens de dire.

ARPENT des eaux-et-forêts en HECTARE.

Combien l'arpent des eaux-et-forêts vaut-il d'hectare, d'ares et de centiares?

L'arpent des eaux-et-forêts vaut 100 perches, et
chaque perche est un carré de 22 pieds de côté. Il
nous est facile, d'après cette donnée, de réduire
cet arpent en pieds carrés : en effet, puisque la
perche a 22 pieds de côté, elle vaut 22 multiplié
par 22, ou 484 pieds carrés; et comme l'arpent se
compose de 100 perches, il vaut 100 fois 484 ou
48400 pieds carrés. Mais un pied carré vaut en
mètre 0^m,105521; et 48400 pieds carrés, ou l'arpent,
vaudront 48400 fois plus, ou 0,105521 multiplié
par 48400.

Opération.

0,105521
. . . . .
48400
─────────
42208400
844168
422084
─────────
h   a   c
05107216400
. . . . .

Après avoir retranché six chiffres à la droite du produit 5107216400 et l'avoir séparé en tranches de deux chiffres, je trouve que l'arpent des eaux-et-forêts vaut 0 hectare, 51 ares, 7 centiares, plus 21 décimètres carrés, 64 centimètres carrés. De sorte que si cet arpent était vendu 510 fr. 72 c., un hectare de même terre vaudrait 1000 francs.

Arpent de Paris en Hectare.

Combien 3 arpents 25 perches de Paris valent-ils d'hectares, d'ares et de centiares ?

L'arpent de Paris vaut 100 perches, et chacune de ces perches est un carré de 18 pieds de côté. Réduisons les 3 arpents 25 perches en pieds carrés : la perche ayant 18 pieds de côté vaut en pieds carrés 18 multiplié par 18 ou 324 pieds carrés ; 1 arpent vaut 100 fois plus de pieds carrés, ou 32400 pieds carrés; mais ici 3 arpents vaudront 3 fois plus, ou 3 fois 32400 pieds carrés, ou 97200; et comme une perche égale 324 pieds carrés, les 25 perches égaleront 25 fois plus, ou 8100 pieds carrés; les 3 arpents 25 perches vaudront donc 97200, plus 8100 pieds carrés, ou 105300 pieds carrés. Convertissons maintenant ces pieds carrés en mètres carrés ou centiares : comme un pied carré vaut 0,105521, 105300 pieds carrés vaudront 105300 fois plus, ou 0,105521 multiplié par 105300.

Opération.

$$0{,}105521$$
$$\cdots\cdots$$
$$105300$$
$$\overline{}$$
$$31656300$$
$$527605$$
$$1055210$$
$$\overline{}$$
$$\text{h} \quad \text{a} \quad \text{c}$$
$$11111361300$$
$$\cdots\cdots$$

En opérant comme précédemment, on voit que les 3 arpents 25 perches valent 1 hectare, 11 ares, 11 centiares, plus 36 décimètres carrés, etc.

L'arpent de Paris seul vaut 0 hectare, 34 ares, 18 à 19 centiares, ou 3418 à 3419 mètres carrés; c'est-à-dire que si cet arpent valait 341 fr. 83 c., l'hectare de même terre vaudrait 1000 francs.

Autre Arpent en Hectare.

Combien 85 perches de l'arpent de 144 perches, et la perche de 17 pieds de côté valent-ils d'hectares, d'ares et de centiares?

La perche de cet arpent, employé à Nanteuil (Oise), étant un carré de 17 pieds de côté ; ce carré vaut en pieds carrés 17 multiplié par 17, ou 289 pieds carrés ; or, 85 perches vaudront 85 fois plus, ou 289 multiplié par 85, ce qui donne 24565 pieds carrés : 1 pied carré vaut en mètre 0,105521 ; 24565 pieds carrés, ou les 85 perches vaudront 24565 fois plus, c'est-à-dire 0,105521 multiplié par 24565.

Opération.

$$
\begin{array}{r}
0,105521 \\
24565 \\
\hline
527605 \\
633126 \\
527605 \\
422084 \\
211042 \\
\hline
\end{array}
$$

$$
\begin{array}{ccc}
h & a & c \\
\end{array}
$$
$$02592,123365$$

Les 85 perches valent donc 0 hectare, 25 ares, 92 centiares, etc.

L'arpent entier vaut 43 ares 91 centiares, plus

36 décimètres carrés, etc., ainsi, en supposant que cet arpent valût 439 fr. 13 centimes, l'hectare de terre de même valeur vaudrait 1000 francs.

On convertirait de la même manière toutes les anciennes mesures agraires en nouvelles, en se conformant à la formule énoncée précédemment. On trouverait, par exemple, que l'arpent de 100 perches, la perche de 20 pieds de côté, vaut 42 ares 20 centiares 84 centièmes d'are.

HECTARE, ARE, CENTIARE. — ARPENT, PERCHE.

Conversion des hectares, des ares et des centiares en arpents et en perches.

Pour convertir les hectares, les ares et les centiares en arpents et en perches de grandeur quelconque, il faut d'abord chercher combien la nouvelle mesure carrée que l'on veut convertir en ancienne, contient de mètres carrés ; ce qui est facile puisque l'hectare vaut 10000 mètres carrés ; l'are, 100 mètres carrés ; et le centiare, 1 mètre carré ; ensuite on divise le nombre de mètres carrés par le rapport 0,105521. La division faite, le quotient représente des pieds carrés que l'on convertit en perches, en divisant ce premier quotient, par le nombre de pieds carrés contenus dans la perche de l'arpent dont on s'occupe ; c'est-à-dire par 484, s'il s'agit d'arpent des eaux-et-forêts, ou par 324

si l'on veut des perches de l'arpent de Paris, etc.
Le nouveau quotient de cette division exprime des
perches, que l'on convertit facilement en arpents en
divisant ce deuxième quotient par 100 ou par 144
perches, selon que l'arpent en question contient ou
100 perches, ou 144 perches, etc.; et le troisième
quotient exprime des arpents. Le reste, s'il y en a
un, représente des perches; et, des pieds carrés
dans la deuxième division.

HECTARE en ARPENT des eaux-et-forêts.

Combien 3 hectares 46 ares 75 centiares valent-
ils en arpents et en perches des eaux-et-forêts?

Un hectare vaut 10000 mètres carrés; un are,
100; et les centiares sont des mètres carrés; par
conséquent 3 hectares 46 ares 75 centiares égalent
34675 mètres carrés. Il reste à diviser ce nombre
de mètres carrés par le nombre 0,105521.

Opération.

1ᵉ division.

34675000000	105521
. . . . . .	. . . . .
.301870....	328607 pieds carrés.
.908280...	1ᵉʳ quotient.
.641120..	
..799400	

1ᵉʳ reste   .60753 ièmes de pied carré.

105521

2ᵉ division.   3ᵉ division.

328607	484	678	100

3820 . |678 perches.   3ᵉ reste 78|6 arpents.

4327 | 2ᵉ quotient.   . . perches 3ᵉ quotient.

2ᵉ reste 455 pieds carrés.

Comme il s'agit de l'arpent des eaux-et-forêts, nous avons divisé le nombre de pieds carrés 328607 par 484, surface d'une perche de cet arpent, et nous avons eu au 2ᵉ quotient 678 perches, que nous avons converties en arpents, en les divisant par 100. De cette manière, nous avons trouvé que 3 hectares 46 ares 75 centiares valent 6 arpents 78 perches, 455 pieds carrés, plus $\frac{60753}{105521}$ ièmes d'un pied carré, mesure des eaux-et-forêts.

Hectare en Arpents de Paris.

Combien 84 ares 5 centiares valent-ils en arpents et perches de Paris?

L'arpent de Paris vaut 100 perches, et la perche 324 pieds carrés.

Convertissons d'abord les 84 ares 5 centiares en mètres carrés : nous avons 8405 mètres carrés, qu'il faut diviser ensuite par le rapport déjà si connu 0,105521.

9

Opération.

1re division.

```
8405000000|105521
 . . . . . . |‾‾‾‾‾‾‾‾‾‾
            | 79652  pieds carrés.
1018530 . . .|
 . 688410 . .| 1er quotient.
 . 552810 . |
  . 252350
1er reste      . 41308 ièmes de pied carré.
          105521
```

2^e division.   3^e division.

```
79652|324                    245|100
1485 |‾‾‾‾‾‾‾‾‾‾              ‾‾‾|‾‾‾‾‾‾‾‾‾‾
     | 245 perches.   3e reste 45 | 2 arpents.
1892 | 2e quotient.      perches   3e quotient.
```
2e reste 272 pieds carrés.

Après avoir suivi la même marche que précédemment, nous trouvons que les 84 ares 5 centiares
valent 2 arpents 45 perches 272 pieds carrés, plus
$\frac{41308}{105521}$ ièmes de pied carré.

L'hectare seul vaut 2 arpents 92 perches 160
pieds carrés, etc.

D'après les détails que je viens de donner, je
crois inutile de faire encore de nouvelles conversions; je pense que les personnes qui auront lu ces
explications avec quelque attention, pourront, non

seulement réduire les anciennes mesures carrées en nouvelles, mais encore les nouvelles en anciennes. Cependant, je dirai de plus que :

L'hectare vaut, en arpent de 144 perches la perche de 17 pieds de côté, 2 arpents 39 perches 211 pieds carrés, etc.

Et en arpent de 100 perches la perche de 20 pieds de côté, 2 arpents 36 perches 368 pieds carrés, etc.

Remarque. Afin de ne point fatiguer la mémoire d'une foule de rapports, j'ai opéré les dernières conversions au moyen de divisions, de sorte que pour toutes les mesures carrées, on n'a besoin de se souvenir que du rapport 0,105521. On trouvera à la suite, des tableaux de réduction. Il est bon de se rappeler aussi que l'hectare vaut 94768 pieds carrés.

On évaluait les surfaces très-considérables en lieues carrées : maintenant on emploie le myriamètre carré qui vaut 5 lieues carrées, plus 625 dix-millièmes de lieue carrée.

RÉSUMÉ.

TABLEAU des Mesures de surface.

La toise carrée vaut, en mètres
carrés. . . . . $3^m,798744$

Le pied carré vaut, en mètre
carré.. . . . . $0^m,105521$

Le pouce carré vaut, en mètre
carré.. . . . . $0^m,00073278$

La ligne carrée vaut, en mètre
carré.. . . . . $0^m,000005089$

Le mètre carré vaut, en toise
carrée.. . . . . $0^t,263245$

Le mètre carré vaut, en pieds
carrés . . . . $9^p,47682$

Le mètre carré vaut, en pouces
carrés. . . . . $1364^p,66$

Le mètre carré vaut, en lignes
carrées. . . . . 196511 lig. carrées

	hec.	ar.	cent.
L'arpent des eaux-et-forêts vaut, en hectare.	0,	51	07 20
L'arpent de Paris vaut, en hectare.	0,	34	18 20

L'arpent de 144 perches, perche
de 17 pieds de côté, vaut . .

L'arpent de 100 perches, perche
de 20 pieds de côté, vaut. . .

	hec.	ar.	cent.
L'arpent de 144 perches, perche de 17 pieds de côté, vaut . .	0,	43	91 36
L'arpent de 100 perches, perche de 20 pieds de côté, vaut. . .	0,	42	20 84

	ar.	per.	p. car.
L'hectare vaut, en arpent des eaux-et-forêts.	1,	95	387
L'hectare vaut, en arpents de Paris	2,	92	159
L'hectare vaut, en arpents de 144 perches, de 17 pieds de côté. .	2,	39	265
L'hectare vaut, en arpents de 100 perches, de 20 pieds de côté. .	2,	36	367

Le myriamètre carré vaut, en
lieues carrées. . . . . 5^1, 0625.

Extrait des instructions données par M. le ministre
de l'intérieur.

VÉRIFICATION DES MESURES D'ARPENTAGE.

Ces mesures se fabriquent en forme de chaîne ;
la longueur en est comptée depuis l'extrémité intérieure d'une des poignées ou mains, jusqu'à l'extrémité intérieure de l'autre, réduction faite de l'épaisseur de l'un des chaînons. La longueur des
chaînons doit être de 2 ou de 5 décimètres, et les
anneaux, à chaque mètre, exécutés avec un métal
de couleur différente de celle du métal employé
pour les autres anneaux. Les erreurs tolérables en
plus et en moins sont, sur le double décamètre,
3 millimètres; sur le décamètre, 2 millimètres;
sur le demi décamètre, 1 millimètre et 1/2.

MESURES CARRÉES OU DE SURFACE.

TABLEAU indiquant la *réduction* des *toises* et des *pieds* (mesures carrées anciennes) en *mètres*, *décimètres*, *centimètres* et *millimètres* carrés.

Toises carrées.	en Mètres, décimètres, centimètres, etc. carrés.				Pieds carrés.	en Mètres, décimètres, centimètres, etc. carrés.			
	M.	D.	C.	M.		M.	D.	C.	M.
1	3,	79	87	44	1	0,	10	55	21
2	7,	59	74	87	2	0,	21	10	41
3	11,	39	62	31	3	0,	31	65	62
4	15,	19	49	75	4	0,	42	20	83
5	18,	99	37	18	5	0,	52	76	04
6	22,	79	24	62	6	0,	63	31	24
7	26,	59	12	05	7	0,	73	86	45
8	30,	38	99	49	8	0,	84	41	66
9	34,	18	86	93	9	0,	94	96	86
10	37,	98	74	36	10	1,	05	52	07
20	75,	97	49		20	2,	11	04	
30	113,	96	23		30	3,	16	56	
40	151,	94	97		40	4,	22	08	
50	189,	93	72		50	5,	27	60	
60	227,	92	46		60	6,	33	12	
70	265,	91	20		70	7,	38	65	
80	303,	89	95		80	8,	44	17	
90	341,	88	69		90	9,	49	69	
100	379,	87	44		100	10,	55	21	

Les deux premiers chiffres à droite de la virgule représentent des décimètres carrés; les deux suivants, des centimètres carrés; et les deux derniers, des millimètres carrés.

SUITE DES MESURES DE SURFACE.

TABLEAU indiquant la *réduction* des *pouces* et des *lignes* (mesures carrées anciennes) en *mètres*, *décimètres*, *centimètres* et *millimètres* carrés.

POUCES carrés.	EN DÉCIMÈTRES, centimètres et millimètres carrés.			LIGNES carrées.	EN CENTIMÈTRES et millimètres carrés.	
	D.	C.	M.		C.	M.
1	0,	07	32 7	1	0,	05 089
2	0,	14	65 5	2	0,	10 178
3	0,	21	98 3	3	0,	15 266
4	0,	29	31 1	4	0,	20 325
5	0,	36	63 9	5	0,	25 444
6	0,	43	96 6	6	0,	30 533
7	0,	51	29 4	7	0,	35 621
8	0,	58	62 2	8	0,	40 710
9	0,	65	95 0	9	0,	45 799
10	0,	73	27 8	10	0,	50 888
20	1,	46	55 6	20	1,	01 775
30	2,	19	83 4	30	1,	52 663
40	2,	93	11 2	40	2,	03 551
50	3,	66	39 1	50	2,	54 438
60	4,	39	66 9	60	3,	05 326
70	5,	12	94 7	70	3,	56 214
80	5,	86	22 5	80	4,	07 101
90	6,	59	50 3	90	4,	57 989
100	7,	32	78 2	100	4,	08 877

(colonne POUCES : Pas de mètres carrés.)
(colonne LIGNES : Pas de mètres carrés, pas de décimètres carrés.)

Les deux premiers chiffres à droite de la virgule sont des centimètres carrés; les deux suivants, des millimètres carrés.

Les deux chiffres à droite de la virgule sont des millimètres carrés.

SUITE DES MESURES DE SURFACE.

TABLEAU indiquant la *réduction* des *mètres* et des *décimètres carrés* en *toises* et en *pieds* (mesures carrées anciennes).

MÈTRES carrés.	EN TOISES carrées.	DÉCIMÈTRES carrés.	EN PIEDS carrés.
	T.		P.
1	0, 263245	1	0, 094768
2	0, 526490	2	0, 189536
3	0, 789735	3	0, 284304
4	1, 052980	4	0, 379073
5	1, 316225	5	0, 473841
6	1, 579469	6	0, 568609
7	1, 842714	7	0, 663377
8	2, 105959	8	0, 758145
9	2, 369204	9	0, 852913
10	2, 632449	10	0, 947682
20	5, 2649	20	1, 895363
30	7, 8973	30	2, 843045
40	10, 5298	40	3, 790726
50	13, 1622	50	4, 738408
60	15, 7947	60	5, 686090
70	18, 4271	70	6, 633771
80	21, 0596	80	7, 581453
90	23, 6920	90	8, 529134
100	26, 3245	100	9, 476816

Les chiffres placés à gauche de la virgule sont des toises carrées, ceux qui sont à droite représentent des décimales de toise carrée.

Les chiffres à gauche de la virgule sont des pieds carrés; ceux qui sont à droite, des décimales de pied carré.

SUITE DES MESURES DE SURFACE.

TABLEAU indiquant la *réduction* des *centimètres* et des *millimètres* carrés, en *pouces* et en *lignes* (mesures carrées anciennes).

Centimètres carrés	En Pouces carrés	Millimètres carrés	En Lignes carrées
1	0, 136	1	0, 197
2	0, 273	2	0, 393
3	0, 409	3	0, 590
4	0, 546	4	0, 786
5	0, 682	5	0, 983
6	0, 819	6	1, 179
7	0, 955	7	1, 376
8	1, 092	8	1, 572
9	1, 228	9	1, 769
10	1, 365	10	1, 965
20	2, 729	20	3, 930
30	4, 094	30	5, 896
40	5, 459	40	7, 860
50	6, 823	50	9, 826
60	8, 188	60	11, 791
70	9, 553	70	13, 756
80	10, 917	80	15, 721
90	12, 282	90	17, 686
100	13, 647	100	19, 651
Même remarque.		Même remarque.	

MESURES AGRAIRES (pour les champs).

TABLEAU indiquant la *réduction de l'arpent* et de la *perche* de Paris, de *l'arpent* et de la *perche* des eaux-et-forêts, en *hectares, ares* et *centiares.*

L'arpent de Paris a 100 perches, et la perche 18 pieds de côté; il contient 32400 pieds carrés, ou 3418 mètres carrés, 87 décimètres carrés.

L'arpent des eaux-et-forêts vaut 100 perches, ayant chacune 22 pieds de côté; il contient 48400 pieds carrés, ou 5107 mètres carrés, 20 décimètres carrés.

ARPENTS de Paris ou Perches carrées	EN HECTARES, Ares et Centiares.	ARPENTS eaux-et-f. ou Perches carrées	EN HECTARES, Ares et Centiares.
Arp.	h. a. c.	Arp.	h. a. c.
1	0, 34 18 87	1	0, 51 07 20
2	0, 68 37 74	2	1, 02 14 40
3	1, 02 56 61	3	1, 53 21 60
4	1, 36 75 48	4	2, 04 28 80
5	1, 70 94 35	5	2, 55 36 00
6	2, 05 13 22	6	3, 06 43 20
7	2, 39 32 09	7	3, 57 50 40
8	2, 73 50 96	8	4, 08 57 60
9	3, 07 89 83	9	4, 59 64 80
10	3, 41 88 70	10	5, 10 72 00
20	6, 83 77 4	20	10, 21 44
30	10, 25 66 1	30	15, 32 16
40	13, 67 54 8	40	20, 42 88
50	17, 09 43 5	50	25, 53 60
60	20, 51 32 2	60	30, 64 32
70	23, 93 20 9	70	35, 75 04
80	27, 35 09 6	80	40, 85 76
90	30, 76 98 3	90	45, 96 48
100	34, 18 87 0	100	51, 07 20

La perche étant la centième partie de l'arpent, et l'are la centième partie de l'hectare, ce tableau peut servir à convertir les perches en ares; à cet effet, on prend les arpents pour des perches, et les chiffres à gauche de la virgule, ou des hectares, pour des ares; alors les deux chiffres à droite de la virgule, au lieu de représenter des ares, représentent des centiares.

SUITE DES MESURES AGRAIRES.

TABLEAU indiquant la *réduction* des *hectares* et des *ares*, en *arpents* et *perches* de Paris et des eaux-et-forêts.

HECTARES ou Ares	EN ARPENTS de Paris, ou en Perches carrées.			HECTARES ou Ares	EN ARPENTS des eaux-et-for. ou en Perches carrées.		
h.	a.	p.		h.	a.	p.	
1	2,	92	49 43	1	1,	95	80 20
2	5,	84	98 86	2	3,	91	60 40
3	8,	77	48 29	3	5,	87	40 60
4	11,	69	97 72	4	7,	83	20 80
5	14,	62	47 15	5	9,	79	01 00
6	17,	54	96 58	6	11,	74	81 20
7	20,	47	46 01	7	13,	70	61 40
8	23,	39	95 44	8	15,	66	41 60
9	26,	32	44 87	9	17,	62	21 80
10	29,	24	94 30	10	19,	58	02 00
20	58,	49	88 6	20	39,	16	04 0
30	87,	74	82 9	30	58,	74	06
40	116,	99	77 2	40	78,	32	08
50	146,	24	71 5	50	97,	90	10
60	175,	49	65 8	60	117,	48	12
70	204,	74	60 1	70	137,	06	14
80	233,	99	54 4	80	156,	64	16
90	263,	24	48 7	90	176,	22	18
100	292,	49	43 0	100	195,	80	20

(colonne latérale gauche : Hectares ou ares. — Arpents ou perches.)

L'are étant la 100e partie de l'hectare, et la perche la 100e partie de l'arpent, ce tableau peut servir à convertir les ares en perches; à cet effet on prend les hectares pour des ares, et les chiffres à gauche de la virgule, ou les arpents, pour des perches; alors les deux chiffres à droite de la virgule, au lieu de représenter des perches, représentent des centièmes de perche.

AUTRES RÉDUCTIONS.

ARPENTS de 100 perches, la perche de 20 pieds de côté.	en HECTARES Ares et Centiares.	HECTARES ou Ares	EN ARPENTS de 100 perches, la perche de 20 pieds de côté.	ARPENTS de 144 perches, la perche de 17 pieds de côté.	en HECTARES Ares et Centiares.	HECTARES	EN ARPENTS de 144 perches, la perche de 17 pieds de côté.
h.	h. a. c.	h.	a. p.	a.	h. a. c.	h.	a. f. p.c.
1	0, 42 20	1	2, 36 92	1	0, 43 91	1	2, 30 265
2	0, 84 41	2	4, 73 84	2	0, 87 82	2	4, 79 277
3	1, 26 62	3	7, 10 76	3	1, 31 74	3	6, 19 217
4	1, 68 83	4	9, 47 68	4	1, 75 65	4	9, 35 193
5	2, 11 04	5	11, 94 60	5	2, 19 57	5	11, 55 169
6	2, 53 25	6	13, 21 52	6	2, 63 48	6	13, 95 145
7	2, 95 45	7	16, 58 44	7	3, 07 39	7	15, 135 121
8	3, 37 66	8	18, 95 36	8	3, 51 31	8	18, 31 97
9	3, 79 87	9	21, 32 28	9	3, 95 22	9	20, 71 73
10	4, 22 08	10	23, 69 20	10	4, 39 14	10	22, 111 49

10.

III.

MESURES DE VOLUME

OU DE SOLIDITÉ.

DU MÈTRE CUBE.

DÉCASTÈRE, STÈRE, DÉCISTÈRE, CENTISTÈRE.

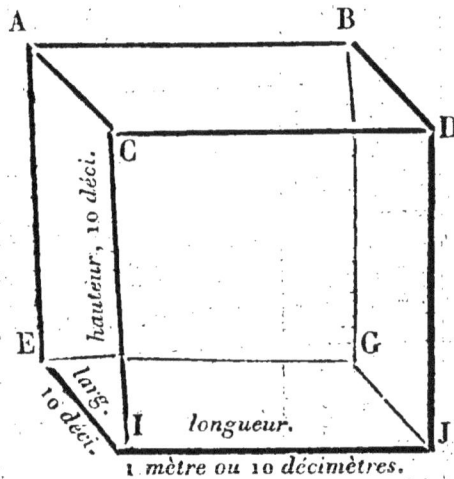

A · · · · · · · · · · · · · · · · · · · B
hauteur, 10 déci.
C
D
E · · · · · · · · · · · · · · · · · · · G
larg. 10 déci.
I · · · · · · longueur. · · · · · · J

1 mètre ou 10 décimètres.

Nous avons vu que le mètre sert à évaluer les longueurs et les surfaces ; on l'emploie encore pour obtenir le volume des corps. Alors il prend le nom de *mètre cube* ou *stère*.

On appelle mètre cube, un corps solide déterminé

par *six faces ayant chacune un mètre carré*. Cette unité sert à mesurer le volume des corps, comme les *arbres*, les *murs*, les *pierres*, la *terre*, l'*eau*, etc. Un dé à jouer est un cube; ce serait un metre cube si chacune de ses six faces était un mètre carré, ou, si les trois arêtes IC, IE, IJ, avaient chacune un mètre de longueur. En supposant que chaque face ABDC, CDJI, ACIE, GJIE, AEGB, BDJG, fût un mètre carré, la figure précédente représenterait aussi un mètre cube.

Dans un cube, la longueur, la largeur et la hauteur, que l'on appelle *les trois dimensions*, sont égales.

Le mètre linéaire, nous l'avons appris, se divise en parties égales de *dix en dix fois plus petites;* le *mètre carré* et ses divisions se partagent en *cent parties égales. Le mètre cube, à son tour, se divise en mille parties égales appelées décimètres cubes; et chacune de ces parties, aussi en mille parties égales qui sont des centimètres cubes,* etc.

Division du mètre cube ou stère.

Le mètre cube vaut 1000 décimètres cubes; le décimètre cube, 1000 centimètres cubes; le centimètre cube, 1000 millimètres cubes.

En effet, pour obtenir le volume ou la solidité
d'un cube, il faut multiplier les unités contenues
dans la longueur du cube, par les unités contenues
dans la largeur, ce qui donne un produit que l'on
multiplie encore par les unités contenues dans la
hauteur; mais dans un cube, la longueur, la largeur et la hauteur sont égales; mais dans le mètre
cube, chacune de ces trois dimensions a un mètre
ou dix décimètres de longueur; or, la longueur IJ,
10 décimètres, multipliée par la largeur EI, ou 10
décimètres, donne 100, qu'il faut encore multiplier par la hauteur IC, de 10 décimètres; mais
100, multiplié par 10, donne 1000 décimètres
cubes. Le mètre cube vaut donc 1000 décimètres
cubes.

En raisonnant de la même manière, on trouve
que le décimètre cube vaut 1000 centimètres cubes;
et le centimètre cube, 1000 millimètres cubes.
Nous dirons donc que,

*Le décimètre cube est la millième partie du mètre
cube.* C'est un corps terminé par six faces ayant
chacune un décimètre carré; les trois dimensions
de ce solide égalent chacune un décimètre linéaire.
Sa capacité donne le litre, et un volume d'eau pure
égal au sien, pèse un kilogramme.

Le centimètre cube est la millionième partie du mètre cube, ou la millième partie du décimètre cube. Ce corps est terminé par six faces de chacune un centimètre carré ; sa longueur, sa largeur et sa hauteur valent chacune un centimètre linéaire. Le centimètre cube d'eau pèse un gramme. Il peut être conçu divisé en mille parties égales, que l'on nomme millimètre cube ; ainsi,

Le millimètre cube est la millième partie du centimètre cube, ou la millionième partie du décimètre cube ; il faut un milliard de ces petits corps pour former le volume du mètre cube. Chacune de ses faces a un millimètre carré, et chaque dimension un millimètre linéaire.

On a dû remarquer que les corps précédents ont des dimensions de dix en dix fois plus petites, mais des volumes de mille en mille fois moins considérables.

Pour évaluer le volume des bois, on emploie le mètre cube ; mais alors il prend le nom de *stère*, et n'est plus soumis à la même division ; ainsi le stère se partage en dix parties égales appelées *décistères*, ou en cent parties égales appelées *centistères*; par conséquent,

Le décistère est la dixième partie du stère, ou

mètre cube. Il vaut donc 100 décimètres cubes, puisqu'il y en a 1000 dans le mètre cube.

Le centistère est la centième partie du stère, ou mètre cube. Il vaut donc 10 décimètres cubes.

La millième partie du stère, ou le millistère, n'est autre chose que le décimètre cube.

On appelle aussi *décastère la réunion de dix stères, ou de dix mètres cubes.*

Exemple :

Soit à chercher combien il y a de mètres cubes dans un mur de 80 mètres de longueur, 2 mètres d'épaisseur, et 4 mètres de hauteur?

A cet effet, je multiplie les trois dimensions l'une par l'autre : d'abord les 80 mètres contenus dans la longueur par 2, l'épaisseur, et j'ai 160; puis je multiplie le produit 160 par 4, la hauteur, ce qui donne 640. Le mur a donc 640 mètres cubes ou 640000 décimètres cubes, ou 640000000 centimètres cubes.

Si cet énorme mur était un chantier, on dirait qu'il contient 64 décastères de bois, ou 640 stères, ou 6400 décistères, ou 64000 centistères.

*Prononciation ou lecture des mesures de volume
ou de solidité.*

Nous avons dit que le mètre cube se divise en mille parties égales appelées décimètres cubes : le décimètre cube est donc la millième partie du mètre cube ; les décimètres cubes seront donc représentés comme les millièmes, c'est-à-dire par les trois chiffres qui viennent immédiatement à la droite de la virgule.

Le décimètre cube se divise aussi en mille parties égales appelées centimètres cubes : le centimètre cube est donc la millième partie du décimètre cube, ou la millionième partie du mètre cube ; par conséquent les centimètres cubes seront représentés par les millionièmes du mètre cube, c'est-à-dire par les trois chiffres qui viennent à la droite des décimètres cubes.

S'il venait encore trois chiffres, ils exprimeraient des millimètres cubes, etc. Ainsi,

Pour lire un nombre écrit de mesures cubiques, de volume ou de solidité, il faut prononcer mètres cubes, les unités contenues dans le nombre placé à gauche de la virgule ; puis nommer décimètres cubes, les unités représentées par les trois premiers chiffres à droite de la virgule ; et centimètres cubes, le nombre formé des trois chiffres suivants. S'il restait encore trois chiffres à droite, ils exprimeraient des millimètres cubes. Donc, en partant de la virgule, si l'on divisait la partie décimale en tranches de trois chiffres, la première de ces tranches représenterait des décimètres cubes; la deuxième, des centimètres cubes; et la troisième, des millimètres cubes.

Ainsi chacune des mesures cubiques suivantes :

26, 125 312 616 se prononce 26 mètres cubes, 125 décimètres cubes, 312 centimètres cubes, 616 millimètres cubes, ou 26125312616 millimètres cubes; ou mieux encore 26 mètres cubes, 125312616 millimètres cubes.

7, 200 008 se prononce 7 mètres cubes, 200 décimètres cubes, 8 centimètres cubes, ou 7200008 centimètres cubes; ou mieux encore 7 mètres cubes, 200008 centimètres cubes.

0, 020 057 se prononce 0 mètre cube, 20 décimètres cubes, 57 centimètres cubes, ou 20057 centimètres cubes.

Écriture des mesures de volume ou de solidité.

Pour écrire les mesures précédentes ; il faut d'abord poser le nombre de mètres cubes, ou s'il manque, le remplacer par un zéro ; puis placer la virgule à droite. On écrit ensuite, à la droite de la virgule, les décimètres cubes comme s'il s'agissait de millièmes ; les centimètres cubes, comme les millionièmes ; et les millimètres cubes, comme les billionièmes. C'est-à-dire qu'il faut trois chiffres décimaux, pour représenter les décimètres cubes ; six, pour les centimètres cubes ; et neuf, pour les millimètres cubes.

Ainsi le nombre prononcé 235 mètres, 523 décimètres, 765 centimètres cubes, ou 235523765 centimètres cubes, ou 235 mètres cubes, 523765 centimètres cubes,

s'écrirait. , . . . 235, 523 765

Le nombre 10 mètres 7 décimètres cubes,

s'écrirait. 10, 007

Le nombre 6 mètres 400 centimètres cubes,

s'écrirait. 6, 000 400

11

Le nombre 17 millimètres cubes devrait enfin

s'écrire. . . . . . $\overset{\text{M D C M}}{0, \overline{000 \ 000 \ 017}}$

L'écriture du *stère* et de ses divisions est différente, et ne présente aucune difficulté. En effet, puisque le décistère est la dixième partie du stère, il s'écrira comme les dixièmes de l'unité; et les centistères, comme les centièmes, puisque le centistère est la centième partie du stère. Ainsi dans le nombre 25,45, il y a 25 stères 4 décistères, 5 centistères; ou bien 25 stères, 45 centistères; ou encore 2 décastères, 5 stères, 45 centistères. Le nombre 9 stères, 4 centistères s'écrirait. . 9,04.

COMPARAISON

ENTRE LES ANCIENNES MESURES DE VOLUME ET LES NOUVELLES.

TOISE, PIED, POUCE, LIGNE CUBES.

CORDE. — SOLIVE.

MÈTRE CUBE ou STÈRE.

Les anciennes mesures de volumes étaient la *toise cube, le pied cube, le pouce cube, la ligne cube, la corde et la solive.*

Toise cube. — Mètre cube.

La toise cube était employée pour mesurer les corps, par exemple, *un bloc de pierre, une certaine quantité de terre, une masse d'eau*, etc.

Cette mesure était un cube terminé par six faces ayant chacune une toise carrée; de cette manière la longueur, la largeur et la hauteur de ce solide avaient chacune une toise linéaire, ou six pieds de longueur, ou 1^m,94904. Mais pour avoir le volume d'un cube, il faut multiplier la longueur par la largeur; et le produit de ces deux dimensions, par la hauteur. Or, comme ces trois dimensions sont égales, il faut multiplier 6 pieds par 6 et par 6, ce qui donne 216 pieds cubes; ou bien encore multiplier 1,94904 par 1,94904 et par 1,94904 : le produit de ces trois dimensions, qui est 7,40389, représente 7 mètres cubes, 403 décimètres cubes, etc. La toise cube vaut donc 216 pieds cubes ou 7^m,40389; d'où 216 pieds cubes valent 7,4089, et un pied cube vaudra 216 fois moins, ou 7,40389 divisé par 216, ou enfin 0^m,034277, c'est-à-dire 0, mètre cube, 34 décimètres cubes, 277 centimètres cubes, etc.

Le pouce cube vaut 0^m,000019836, c'est-à-dire 19836 millimètres cubes.

La ligne cube vaut $0^m,00000001148$, c'est-à-dire 11 millimètres cubes, etc.

Nous venons donc de voir que la toise cube vaut plus de 7 fois un mètre cube, de sorte que si elle coûtait 7 francs 40 centimes, le mètre cube devrait être payé 1 franc.

Conversion des toises, des pieds, etc., cubes, en mètres cubes.

Quand on a un nombre entier de toises cubes, comme 2 ou 7 ou 15 toises, à convertir en mètres cubes, il faut multiplier le rapport 7,40389 par le nombre de toises, parce que le rapport de la toise cube au mètre cube est 7,40389. Mais, comme il arrive le plus souvent que le corps, dont on cherche le volume, contient des toises cubes, plus un certain nombre de pieds cubes, moindre qu'une toise, il est plus simple de tout réduire en pieds cubes, et de multiplier le rapport du pied cube au mètre cube, qui est 0,034277, par le nombre de pieds cubes trouvés. On obtient un produit à la droite duquel on retranche six chiffres, au moyen de la virgule, parce qu'il y a six chiffres décimaux dans le rapport 0,034277. Les chiffres du produit placés à gauche de cette virgule, représentent des mètres cubes; les trois premiers chiffres placés à droite, des décimètres cubes; et les trois suivants, des centimètres cubes.

Exemple :

Le volume d'un mur est de huit toises cubes; combien contient-il de mètres cubes?

La toise cube vaut 7^m,40389; 8 toises cubes vaudront 8 fois 7,40389, ou 7,40389 multiplié par 8.

Opération.

$$7,40389$$
$$8$$
$$\overline{59,23112}$$

Comme il y a cinq chiffres décimaux dans le rapport 7,40389, je retranche cinq chiffres à la droite du produit, et j'ai 59,23112, c'est-à-dire 59 mètres cubes, 231 décimètres cubes, plus 12 centièmes de décimètre cube, ou 120 centimètres cubes.

Mais on se sert peu de ce rapport 7,40389; les toises cubes étant presque toujours accompagnées d'un certain nombre de pieds cubes. Alors on emploie le rapport du pied cube 0,034277 au mètre cube.

Exemple :

Combien y a-t-il de mètres cubes dans un mon-

11

ceau de terre dont le volume est 4 toises cubes,
plus 116 pieds cubes?

Pour résoudre se problème, il faut d'abord réduire les 4 toises cubes en pieds cubes, et ajouter
les 116 pieds cubes. Une toise cube vaut 216 pieds
cubes, 4 toisés vaudront 4 fois plus, ou 864 pieds
cubes, auxquels ajoutant 116, on a 980 pieds cubes,
qu'il faut placer sous le rapport 0,034277 du pied
cube au mètre cube; alors on effectue la multiplication.

Opération.

$$0,034277$$
$$\cdots\cdots$$
$$980$$
$$\overline{2742160}$$
$$308493$$
$$\overline{33,591460}$$
$$\cdots\cdots$$

Après avoir retranché six chiffres à la droite du
produit, nous trouvons que les 4 toises 116 pieds
cubes valent 33 mètres cubes, 591 décimètres
cubes, plus 460 centimètres cubes.

Si l'on avait des pouces cubes à convertir en
mètres cubes, il faudrait multiplier le rapport
0,000019836 du pouce cube au mètre cube, par la
quantité de pouces cubes.

S'il s'agissait de lignes cubes, ce serait le rap-port 0,00000001148 *de la ligne cube au mètre cube, qu'il faudrait multiplier par le nombre de lignes cubes.*

Dans les deux cas, le produit représenterait des mesures cubiques nouvelles.

La manière de convertir est toujours la même, il n'y a que le rapport qui change : aussi je crois inutile d'indiquer la manière de convertir les pouces et les lignes cubes en mètres cubes, puisque j'ai donné ci-dessus le rapport de chacune de ces an-ciennes mesures au mètre cube.

MÈTRE CUBE. — TOISE CUBE.

Conversion des mètres cubes en toises, pieds, etc., cubes.

Le mètre cube ou stère vaut en toise cube 0,135064, c'est-à-dire pas une toise cube, mais les 135064 millionièmes d'une toise : par consé-quent,

Pour convertir des mètres cubes en toises cubes, il faut multiplier le rapport 0,135064 de cette nouvelle mesure à l'ancienne, par le nombre de mè-tres donné ; cette multiplication donne un produit à la droite duquel on retranche autant de chiffres, qu'il y a de chiffres décimaux dans les deux fac-teurs : le multiplicande et le multiplicateur. Alors le produit est divisé en deux parties par la virgule : les chiffres placés à la gauche de celle-ci représen-tent des toises cubes ; et ceux qui se trouvent à sa droite expriment des décimales de toise cube.

Exemple :

Un bassin renferme 88 mètres cubes d'eau ; com-bien contient-il de toises cubes ?

Opération.

$$\begin{array}{r} 0,135064 \\ 88 \\ \hline 1080512 \\ 1080512 \\ \hline 11,885632 \end{array}$$

Après avoir retranché six chiffres au produit, on a 11,885632 : ce qui signifie que les 88 mètres cubes valent 11 toises cubes, plus les 885632 mil-lionièmes d'une toise cube.

MÈTRES CUBES EN PIEDS CUBES.

Le mètre cube vaut en pieds cubes 29,1739, c'est-à-dire 29 pieds cubes, plus 1739 dix-millièmes de pied cube. Par conséquent,

Pour convertir les mètres cubes en pieds cubes, il faut multiplier le rapport ci-dessus 29,1739 par le nombre de mètres cubes, puis retrancher à la droite du produit autant de chiffres qu'il y a de chiffres décimaux dans les deux facteurs. Les chiffres, placés à gauche de la virgule, représentent des pieds cubes, et ceux qui viennent à droite, des décimales de pied cube, etc.

Exemple :

Le volume d'une pierre est de 2 mètres cubes, 375 décimètres cubes; combien renferme-t-elle de pieds cubes ?

Opération.

$$
\begin{array}{r}
29,1739 \\
2,\ 375 \\
\hline
1158695 \\
2042173 \\
875217 \\
583478 \\
\hline
69,2880125
\end{array}
$$

Il y a 7 chiffres décimaux dans les deux facteurs, j'ai retranché 7 chiffres à la droite du produit; d'où l'on voit que les 2^m,375 valent 69 pieds cubes, plus 288 millièmes de pied cube, plus, etc.

Sachant que le mètre cube vaut 50412,42, c'est-à-dire 50412 pouces cubes, plus 42 centièmes de pouce cube; et 87112655 lignes cubes, on voit qu'il serait facile, en employant ces rapports, de convertir les mètres cubes en pouces ou en lignes cubes.

CORDE. — STÈRE.

Pour mesurer *les bois de chauffage*, on se servait de la *corde*, qui valait 112 pieds cubes à Paris, et que l'on nommait corde des eaux-et-forêts; elle se divisait en deux parties égales appelées voies. Cette ancienne mesure vaut en nouvelle 3 stères 8391, c'est-à-dire 3 stères, 83 centistères, plus 91 dix-millièmes de stère. Il y avait encore d'autres mesures qui changeaient de grandeur et de nom, et qui toutes renfermaient un certain nombre de pieds cubes. Quelles que soient ces mesures, il est toujours facile de les convertir en stères, puisque l'on connaît le rapport 0,034277 du pied cube au mètre cube ou stère. En effet, en multipliant ce rapport 0,034277 par le nombre de pieds cubes contenus dans une quelconque de ces mesures anciennes, le produit de la multiplication exprime des stères, des décistères, et des centistères, etc.

Conversion des cordes des eaux-et-forêts en stères.

Nous venons d'apprendre que le rapport de cette corde au stère est 3,8391, par conséquent,

. *Pour convertir les cordes des eaux-et-forêts en stères, il faut multiplier le rapport 3,8391 par le nombre de cordes, puis retrancher 4 chiffres à la droite du produit de cette multiplication; alors les chiffres placés à gauche de la virgule représentent des stères, et ceux qui viennent à droite, des décistères, des centistères, etc.*

Exemple :

Un chantier est composé de 450 cordes de bois des eaux-et-forêts; combien renferme-t-il de stères?

Opération.

$$
\begin{array}{r}
3,8391 \\
450 \\
\hline
1919550 \\
153564 \\
\hline
1727,5950 \\
\end{array}
$$

Ainsi les 450 cordes valent 1727 stères, 59 centistères, plus 5 millièmes de stère, ou bien 172 décistères, 7 stères, 595 millistères ou décimètres cubes.

STÈRE. — CORDE.

Conversion des stères en cordes.

Le stère vaut en corde de bois des eaux-et-forêts 0,26048, c'est-à-dire 0 corde, 26048 cent-millièmes de corde ; de sorte que,

Pour convertir des stères en cordes des eaux-et-forêts, il faut multiplier le rapport 0,26048 par le nombre de stères ; et retrancher à la droite du produit autant de chiffres qu'il y a de chiffres décimaux dans les deux facteurs : à gauche de la virgule sont les cordes ; et à droite, des dixièmes, des centièmes, etc. de corde.

Exemple :

Combien 75 stères, 35 centistères valent-ils de cordes des eaux-et-forêts ?

Opération.

$$
\begin{array}{r}
0,26048 \\
75,35 \\
\hline
130240 \\
78144 \\
130240 \\
182336 \\
\hline
19,6271680
\end{array}
$$

75 stères, 35 centistères égalent donc 19 cordes, 627 millièmes de corde, etc.

On aura remarqué que le stère est un peu plus grand que le quart de la corde des eaux-et-forêts; par conséquent, le prix d'un stère devra être un peu plus élevé que le quart du prix de la corde. Ainsi, supposons que le prix de la corde soit 40 fr., celui du stère sera de 10 fr. et quelques centimes.

AUTRE CORDE.

Dans plusieurs forêts, la corde de 16 pieds de couche, 3 pieds 6 pouces de largeur, et 2 pieds 2 pouces de hauteur, était en usage. Il est donc utile de dire que cette mesure vaut 4 stères, 16 centistères. Elle se divise en quatre parties égales appelées *cordons;* chaque cordon a 4 pieds de couche, et même largeur, et même hauteur que la corde. Il vaut, par conséquent, le quart de celle-ci, c'est-à-dire 1 stère, plus 4 centistères.

Il est heureux que ce rapport soit facile à apprécier, car on pourra remplacer ce cordon par le stère, à moins de 4 centièmes près.

Si, dans le nouveau cordage en stère, on voulait conserver aux bûches la même longueur, 3 pieds 6 pouces, il faudrait alors donner un *mètre de couche*

12

et 88 *centimètres de hauteur*. De cette manière, on obtiendrait le volume du stère.

La corde ci-dessus est plus considérable que celle des eaux-et-forêts : elle la surpasse de plus de 9 *pieds cubes*.

SOLIVE-STÈRE.

On évaluait autrefois en *solives* ou *pièces, la charpente, les bois de construction*. La toise cube valait 72 solives. La solive valait 3 pieds cubes ou 5184 pouces cubes. Cette ancienne mesure est remplacée par le stère ; elle vaut en nouvelles mesures 0,10283, c'est-à-dire 0 stère, 1 décistère, plus les 283 cent-millièmes d'un stère ; elle est donc un peu plus grande que le décistère, dixième partie du mètre cube ou stère ; de sorte que le stère devra coûter presque dix fois plus cher que la solive ou pièce.

Conversion des solives en stères.

D'après ce qui vient d'être dit, le rapport de la solive au stère est 0,10283, donc,

Pour convertir les solives en stères, il faut multiplier le rapport 0,10283 par le nombre de solives, puis retrancher 5 chiffres à la droite du produit de cette multiplication. Alors les chiffres pla-

cés à gauche de la virgule représentent des stères ;
et ceux qui sont à droite : le premier, des décistères ;
le deuxième, des centistères, etc.

Exemple.

Un arbre fait 15 solives, combien contient-il de
stères, de décistères, de centistères, etc. ?

Opération.

$$0,10283$$
$$15$$
$$51415$$
$$10283$$
$$1,54245$$

Le produit 1,54245 fait voir que les 15 solives
valent 1 stère, 54 centistères, ou bien 1 stère,
54245 cent-millièmes de stère.

STÈRE-SOLIVE.

Conversion des stères en solives.

Il est quelquefois nécessaire de chercher combien
un certain nombre de stères vaut de solives. Sachant que le stère vaut en solives 9,7246, c'est-à-
dire 9 solives, plus 7246 dix-millièmes de solive,
il est facile d'arriver à ce résultat :

Pour convertir des stères en solives, il faut multiplier le rapport 9,7246 par le nombre de stères, et retrancher à la droite du produit autant de chiffres qu'il y a de chiffres décimaux dans les deux facteurs : les chiffres placés à la gauche de la virgule sont des solives, et la partie décimale représente des dixièmes, des centièmes, etc., de solive.

Exemple :

On veut savoir combien 14 stères, 9 centistères valent de solives?

Opération.

$$
\begin{array}{r}
9,7246 \\
14,09 \\
\hline
875214 \\
3889840 \\
97246 \\
\hline
137,019614 \\
\end{array}
$$

Au moyen de la virgule, après avoir retranché six chiffres à la droite du produit 137019614, le résultat 137,019614 représente 137 solives, plus les 19614 millionièmes d'une solive.

Après avoir indiqué les principaux rapports qui existent entre les anciennes mesures de solidité et les nouvelles, et réciproquement; puis avoir donné de nombreux exemples de conversion, je pense que l'on pourra toujours convertir une mesure quelle qu'elle soit en ancienne ou en nouvelle. D'ailleurs, j'ai placé plus loin des tableaux de réductions. Ces réductions seront inutiles à ceux qui connaîtront parfaitement la grandeur des nouvelles mesures; car alors il sera beaucoup plus simple pour eux d'employer le mètre, et de s'en servir, au lieu de la toise, pour les longueurs, les surfaces et les volumes.

RÉSUMÉ.

TABLEAU des Mesures de solidité.

La toise cube vaut, en mètres
cubes. . . . . 7^m,40389
Le pied cube vaut, en mètre
cube . . . . 0^m,034277
Le pouce cube vaut, en mètre
cube . . . . 0^m,000019836
La ligne cube vaut, en mètre
cube . . . . 0^m,00000001148
Le mètre cube (stère) vaut, en
toise cube. . . . . 0^t,135064

12.

Le mètre cube (stère) vaut, en
    pieds cubes. . . . . 29^p,1739
Le mètre cube (stère) vaut, en
    pouces cubes. , ... 50412^p,42
Le mètre cube (stère) vaut, en
    lignes cubes , ... 87112655^l,
La corde des eaux-et-forêts
    vaut, en stères. . , ... 3^s,8391
Le stère vaut, en corde des
    eaux-et-forêts. . . . . 0^c,26048
La solive ou pièce vaut, en
    stère. . . . . 0^s,10282
Le stère vaut, en solives. . . 9^s,7246

Extrait de l'ordonnance du Roi.

INSTRUMENTS DE MESURAGE POUR LE BOIS
DE CHAUFFAGE.

Les membrures qui représentent des mesures de
solidité, du demi-décastère, du double-stère, du
stère, et destinées à mesurer le bois de chauffage,
seront construites en bon bois; les pièces qui les
composent devront être bien dressées et assemblées
solidement.

Chaque membrure sera fermée d'une sole, de deux montants et de deux contrefiches; elle doit avoir de plus deux sous-traits.

La longueur de la sole entre les montants est fixée ainsi qu'il suit, savoir :

Demi-décastère. . . . . 3 mètres.

Double-stère, ... 2

Stère 1

Pour les bois coupés à un mètre de longueur, la hauteur des montants sera :

Demi-décastère . . . 1 mètre 667 millimètres.

Double-stère et stère. 1

Cette hauteur variera suivant la longueur des bois, de manière à toujours reproduire un solide de un, deux ou cinq mètres cubes.

On pourra construire aussi des membrures en fer du double-stère et du stère, pourvu qu'elles réunissent les conditions de justesse et de solidité nécessaires, et qu'elles soient garnies de rondelles adhérentes, en étain ou en plomb, pour faciliter l'application des marques de vérification.

Extrait des instructions données par M. le mnisitré
de l'intérieur.

VÉRIFICATION DES BOIS DE CHAUFFAGE.

Il n'est permis de tolérer aux membrures d'erreur qu'en plus, et elles ne doivent pas excéder 5 millimètres pour le stère, 8 pour le double-stère; en cumulant celles qui pourraient avoir lieu soit sur la longueur de la sole, soit sur la hauteur des montants.

MESURES CUBIQUES, DE VOLUME

OU DE SOLIDITÉ.

TABLEAU indiquant la *réduction* des *toises* et des *pieds* (mesures cubiques anciennes) en *mètres*, *décimètres*, *centimètres* et *millimètres* cubes.

Toises cubes	EN Mètres, décimètres, centimètres, etc. cubes.			Pieds cubes	EN Mètres, décimètres, centimètres, etc. cubes.		
	M.	D.	C.		M.	D.	C.
1	7,	403	890	1	0,	034	277
2	14,	807	780	2	0,	068	554
3	22,	211	670	3	0,	102	831
4	29,	615	560	4	0,	137	109
5	37,	019	450	5	0,	171	090
6	44,	423	340	6	0,	205	663
7	51,	827	230	7	0,	239	940
8	59,	231	120	8	0,	274	218
9	66,	635	010	9	0,	308	495
10	74,	038	900	10	0,	342	772
20	148,	077	800	20	0,	685	550
30	222,	116	700	30	1,	028	320
40	296,	155	600	40	1,	371	090
50	370,	194	500	50	1,	713	860
60	444,	233	400	60	2,	056	640
70	518,	272	300	70	2,	399	400
80	592,	311	200	80	2,	742	180
90	666,	350	100	90	3,	084	950
100	740,	389	000	100	3,	427	730

Les chiffres à gauche de la virgule sont les mètres cubes; les trois premiers chiffres qui viennent à droite de la virgule sont des décimètres cubes; et les trois suivants, des centimètres cubes.

SUITE DES MESURES DE SOLIDITÉ.

TABLEAU indiquant la *réduction* des *pouces* et des *lignes* (mesures cubiques anciennes) en *décimètres*, *centimètres* et *millimètres* cubes.

Pouces cubes	EN DÉCIMÈTRES, centimètres et millimètres cubes.			Lignes cubes	EN CENTIMÈTRES et millimètres cubes.		
	D.	C.	M.			C.	M.
1	0,	019	836	1		0,	011	479
2	0,	039	673	2		0,	022	959
3	0,	059	509	3		0,	024	438
4	0,	079	345	4		0,	045	918
5	0,	099	182	5		0,	057	397
6	0,	119	018	6		0,	068	876
7	0,	138	455	7		0,	080	356
8	0,	158	691	8		0,	091	835
9	0,	178	527	9		0,	103	314
10	0,	198	364	10		0,	114	794
20	0,	396	727	20		0,	229	588
30	0,	595	091	30		0,	314	382
40	0,	793	455	40		0,	459	175
50	0,	991	819	50		0,	573	969
60	1,	190	182	60		0,	688	763
70	1,	388	546	70		0,	803	557
80	1,	586	910	80		0,	918	351
90	1,	785	274	90		1,	033	145
100	1,	983	637	100		1,	147	938

A gauche de la virgule sont des décimètres cubes; les trois chiffres à la droite, des centimètres cubes; et les trois suivants, des millimèt. cubes.

A gauche de la virgule, les centimètres cubes; à droite, les millimètres cubes représentés par les trois premiers chiffres.

SUITE DES MESURES DE SOLIDITÉ.

TABLEAU indiquant la *réduction* des *mètres* et des *décimètres* cubes, en *toises* et en *pieds* (anciennes mesures cubiques).

Mètres cubes	en Toises cubes.	Décimètres cubes	en Pieds cubes.
	T.		P.
1	0, 135064	1	0, 029173
2	0, 270128	2	0, 058347
3	0, 405192	3	0, 087521
4	0, 542057	4	0, 116695
5	0, 675321	5	0, 145869
6	0, 810385	6	0, 175043
7	0, 945449	7	0, 204217
8	1, 080513	8	0, 233390
9	1, 215577	9	0, 262564
10	1, 350641	10	0, 291738
20	2, 7013	20	0, 583470
30	4, 0519	30	0, 875210
40	5, 4026	40	1, 166950
50	6, 7532	50	1, 458690
60	8, 1038	60	1, 750430
70	9, 4545	70	2, 042170
80	10, 8050	80	2, 333900
90	12, 1558	90	2, 625640
100	13, 5064	100	2, 917380

Les chiffres placés à droite de la virgule représentent des dixièmes, des centièmes, des millièmes, des dix-millièmes, etc., des unités qui sont à gauche.

SUITE DES MESURES DE SOLIDITÉ.

TABLEAU indiquant la *réduction* des *centimètres* et des *millimètres* cubes, en *pouces* et en *lignes* (anciennes mesures cubiques).

CENTIMÈTRES cubes	EN POUCES cubes.	MILLIMÈTRES cubes	EN LIGNES cubes.
	P.		L.
1	0, 0504	1	0, 0871
2	0, 1008	2	0, 1742
3	0, 1512	3	0, 2613
4	0, 2016	4	0, 3485
5	0, 2521	5	0, 4356
6	0, 3025	6	0, 5227
7	0, 3529	7	0, 6095
8	0, 4033	8	0, 6970
9	0, 4537	9	0, 7841
10	0, 5041	10	0, 8712
20	1, 0082	20	1, 7420
30	1, 5124	30	2, 6130
40	2, 0165	40	3, 4850
50	2, 5206	50	4, 3560
60	3, 0247	60	5, 2270
70	3, 5289	70	6, 0950
80	4, 0330	80	6, 9700
90	4, 5371	90	7, 8410
100	5, 0412	100	8, 7120

Les chiffres placés à droite de la virgule représentent des dixièmes, des centièmes, des millièmes, des dix-millièmes, etc., des unités qui sont à gauche.

BOIS DE CHAUFFAGE. — CHARPENTE.

TABLEAU indiquant la *réduction* des *cordes de bois* des eaux-et-forêts et des *solives*, en *stères*, *décistères* et *centistères*.

Cette corde vaut 112 pieds cubes; elle est en usage à Paris, où elle se divise en deux parties égales appelées *voies*. La solive contient 5184 pouces cubes.

CORDES de bois des eaux-et-forêts	EN STÈRES, Décistères et Centistères.	SOLIVES	EN STÈRES, Décistères et Centistères.
	s. D.C.		s. D.C.
1	3, 8391	1	0, 10283
2	7, 6781	2	0, 20566
3	11, 5172	3	0, 30850
4	15, 3562	4	0, 41133
5	19, 1953	5	0, 51416
6	23, 0343	6	0, 61699
7	26, 8734	7	0, 71982
8	30, 7124	8	0, 82265
9	34, 5515	9	0, 92549
10	38, 3905	10	1, 02832
20	76, 7810	20	2, 05660
30	115, 1720	30	3, 08500
40	153, 5620	40	4, 11330
50	191, 9530	50	5, 14160
60	230, 3430	60	6, 16990
70	268, 7340	70	7, 19820
80	307, 1240	80	8, 22650
90	345, 5150	90	9, 25490
100	383, 9050	100	10, 28320

Les chiffres placés à gauche de la virgule sont des stères; les deux premiers chiffres à droite de la virgule représentent, le premier, des décistères; le deuxième, des centistères, et ensemble, des centistères.

13

SUITE DES MESURES DE SOLIDITÉ.

TABLEAU indiquant la *réduction* des *stères*, en *cordes* et en *solives*.

STÈRES	EN CORDES des eaux-et-forêts.	STÈRES	en SOLIVES.
	c.		s.
1	0, 26048	1	9, 7246
2	0, 52096	2	19, 4492
3	0, 78144	3	29, 1739
4	1, 04192	4	38, 8985
5	1, 30241	5	48, 6231
6	1, 56289	6	58, 3477
7	1, 82337	7	68, 0923
8	2, 08385	8	77, 7970
9	2, 34433	9	87, 5216
10	2, 60481	10	97, 2462
20	5, 20960	20	194, 4920
30	7, 81440	30	291, 7390
40	10, 41920	40	388, 9850
50	13, 02410	50	486, 2310
60	15, 62890	60	583, 4770
70	18, 23370	70	680, 9230
80	20, 83850	80	777, 9700
90	23, 44330	90	875, 2160
100	26, 04810	100	972, 4620

Les chiffres placés à droite de la virgule représentent des dixièmes, des centièmes, des millièmes, des dix-millièmes, etc., des unités à gauche.

OBSERVATION.

La lecture des explications données sur les mesures de longueur, de surface et de volume aura fait remarquer que,

1° Quand il s'agit simplement de mesurer les longueurs, comme les lignes, la distance qu'il y a d'un point à un autre point, il faut se servir du *mètre linéaire,* qui se divise en parties égales qui sont de dix en dix fois plus petites. Cette nouvelle mesure renferme toutes les anciennes mesures linéaires.

2° Quand on veut déterminer la surface des corps, on emploie, au lieu de la toise carrée et des autres mesures carrées, le *mètre carré,* que l'on appelle aussi *centiare.* Les surfaces ayant deux dimensions, longueur et largeur, il résulte de là que les divisions du mètre carré sont de 100 en 100 fois plus petites.

3° Pour obtenir le volume des corps, on fait usage du *mètre cube.* Cette nouvelle unité cubique qui prend aussi le nom de *stère,* remplace la *toise cube,* la *corde,* la *solive,* etc. Sous le premier nom, elle se divise en 1000 parties égales appelées décimètres cubes ; mais sous la dénomination de stère, elle se partage en 10 parties égales appelées décistères.

IV.

MESURES DE CAPACITÉ

POUR LES LIQUIDES ET LES MATIÈRES SÈCHES.

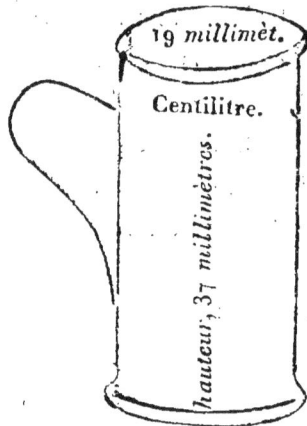

DU LITRE.

Nous avons dit que le décimètre cube est la millième partie du mètre cube. Maintenant, je suppose que l'on construise un vase, une boîte, par exemple, dans laquelle pourrait tenir exactement un décimètre cube; *cette boîte contiendrait aussi un litre.*

On appelle donc *litre, la capacité ou contenance d'un décimètre cube.*

Le litre sert à mesurer les liquides, comme l'*eau,* la *bière,* le *cidre,* le *vinaigre,* le *vin,* l'*eau-de-*

vix, etc., et les matières sèches telles que les *pois*,
les *haricots*, l'*avoine*, le *seigle*, le *blé*, etc. On lui
donne dans le commerce une forme cylindrique.
Si la mesure ci-dessus, qui représente le centilitre
dont elle réunit les dimensions, avait 36 millimètres
de diamètre et 172 de hauteur, elle aurait la forme
et la capacité du litre.

Sous-multiples du Litre.

Le litre se divise en dix parties égales appelées
décilitres ; le décilitre, en dix parties égales appelées *centilitres*. Le centilitre pourrait aussi se diviser
en dix parties égales que l'on nommerait *millilitres*.
Ainsi le litre vaut 10 décilitres, ou 100 centilitres,
ou 1000 millilitres. Le millilitre, millième partie
du litre, n'est autre chose que la capacité d'un centimètre cube, millième partie du décimètre cube.

Multiples du Litre.

Le *décalitre* (capacité de dix décimètres cubes)
vaut 10 litres ; l'*hectolitre* (capacité de dix déci-
mères cubes) vaut 100 litres ; le *kilolitre*, qui vaut
1000 litres, donne la capacité du mètre cube ; et le
myrialitre, qui contient 10000 litres, est la capacité de dix mètres cubes.

13.

L'hectolitre est la mesure la plus en usage pour le mesurage des grains. A cet effet, on emploie aussi le *demi-hectolitre*, qui vaut 50 litres, parce qu'étant moins pesant, il est plus commode. On lui donne aussi la forme cylindrique.

Le nouveau sac se compose d'un hectolitre et demi ou de 150 litres.

Voici d'ailleurs les dimensions que doivent avoir les mesures de capacité qui sont employées.

Extrait du tableau de M. Saigey.

MESURES POUR LES MATIÈRES SÈCHES. La hauteur de ces mesures est égale au diamètre.		MESURES POUR LES LIQUIDES. La hauteur de ces mesures est deux fois plus grande que le diamètre.		
NOMS DES MESURES.	Dimensions en millimètres	NOMS DES MESURES.	Diamètre en millimètres	Hauteur en millimètres
Hectolitre............	5o3	Double-litre	1o8	217
Demi-hectolitre......	399	Litre.........	86	172
Double-décalitre....	294	Demi-litre..	68	137
Décalitre............	234	Double-déci-		
Demi-décalitre......	185	litre........	5o	1o1
Double-litre..........	137	Décilitre....	4o	8o
Litre.................	1o8	Demi - déci-		
Demi-litre...........	86	litre........	32	63
Double-décilitre.....	63	Double-cen-		
Décilitre.............	5o	tilitre......	23	47
Demi-décilitre.......	4o	Centilitre...	19	37

On se servait autrefois en France, pour mesurer les liquides et les matières sèches, de la *pinte*, du *litron*, du *poisson*, du *boisseau*, du *minot*, de la *mine*, du *jalois*, de la *bouteille*, du *setier*, du *muid*, etc. Toutes ces mesures arbitraires avaient peu de rapport entr'elles.

Je n'ai pas parlé de la manière de convertir chacune des mesures ci-dessus en litres, et réciproquement, parce que l'usage que l'on fait depuis longtemps du litre l'a fait assez connaître. Cependant, les personnes qui désireront apprendre ses rapports, pourront consulter les tableaux de réductions placés à la suite.

La lecture et l'écriture des mesures de capacité sont celles que j'ai indiquées pour les mesures de longueur. En effet, le litre, comme le mètre linéaire, se divise en parties qui sont de dix en dix fois plus petites : ainsi les *décilitres* s'écrivent comme les décimètres linéaires ou les dixièmes ; les *centilitres*, comme les centimètres linéaires ou les centièmes, etc. Il en est de même pour les mesures de poids, et les monnaies.

Extrait de l'ordonnance du Roi.

MESURES DE CAPACITÉ POUR LES MATIÈRES SÈCHES.

NOMS DES MESURES.	NOMS DES MESURES.
Hectolitre.	Litre.
Demi-hectolitre.	Demi-litre.
Double-décalitre.	Double-décilitre.
Décalitre.	Décilitre.
Demi-décalitre.	Demi-décilitre.
Double-litre.	

Les mesures de capacité pour les matières sèches devront être construites dans la forme cylindrique, et auront intérieurement le diamètre égal à la hauteur.

Les mesures en bois ne pourront être faites qu'en bois de chêne; elles devront être établies avec solidité dans toutes leurs parties.

Pour les mesures qui seront garnies intérieurement de potences ou autres corps saillants, la hauteur sera augmentée proportionellement au volume de ces objets.

Les mesures en bois devront être formées d'une éclisse ou feuille courbée sur elle-même et fixée par des clous.

Toutes les mesures en bois devront être garnies à la partie supérieure d'une bordure en tôle rabattue.

Les mesures, depuis et compris le double-décalitre jusqu'à l'hectolitre, devront, en outre, être ferrées; on pourra, suivant l'usage auquel elles sont destinées, y adapter des pieds fixés avec boulons et écrous.

Les mesures en bois de plus petite dimension pourront être garnies de bandes latérales en tôle.

On pourra fabriquer des mesures pour les matières sèches, en cuivre ou en tôle, pourvu qu'elles soient établies avec solidité, et dans la forme ci-dessus prescrite.

Chaque mesure doit porter le nom qui lui est propre; le nom ou la marque du fabricant sera appliqué sur le fond de la mesure.

Extrait des instructions données par M. le ministre de l'intérieur.

VÉRIFICATION DES MESURES POUR LES MATIÈRES SÈCHES.

La hauteur de chaque mesure doit être égale à son diamètre; si ces dimensions diffèrent de la grandeur fixée, les différences doivent être, l'une en plus, l'autre en moins, et ne pas excéder un vingtième.

La vérification de la contenance se fait par le moyen de la graine de navette, versée à la trémie. Toute mesure dont la contenance est trouvée trop petite est rejetée; les différences en plus ne doivent pas excéder un centième pour les mesures en chêne, un cinquantième pour celles en hêtre ou autres en bois.

MESURES DE CAPACITÉ POUR LES LIQUIDES.

Les noms et la forme affectés aux mesures de capacité pour les matières sèches, dans le tableau précédent, serviront de règle pour la construction des mêmes mesures employées pour les liquides, depuis l'hectolitre jusqu'au demi-décalitre inclusivement; elles pourront être établies en cuivre, tôle ou fonte, mais sous la réserve expresse de prévenir, par l'étamage ou un autre procédé analogue, toute altération ou oxydation de nature à présenter des dangers dans l'usage de ces sortes de mesures.

Les mesures du double-litre et au-dessous devront être construites exclusivement en étain, et auront intérieurement la hauteur double du diamètre; elles auront le poids déterminé ci-après comme *minimum* obligatoire pour chacune des espèces de mesures.

NOMS DES MESURES.	Poids des Mesures (en grammes).		
	sans anse ni couvercle.	avec anse sans couvercle.	avec anse et couvercle.
	grammes.	grammes.	grammes.
Double-litre.......	1 350	1 700	2 200
Litre..............	900	1 100	1 350
Demi-litre........	525	650	820
Double-décilitre..	280	335	420
Décilitre.........	145	180	240
Demi-décilitre....	85	110	140
Double-centilitre.	45	60	85
Centilitre.........	25	35	50

Le titre de l'étain employé pour la fabrication des mesures reste fixé à quatre-vingt-trois centièmes cinq millièmes, avec une tolérance d'un centième cinq millièmes; ainsi le métal dont les mesures seront fabriquées ne doit pas contenir moins de quatre-vingt-deux centièmes d'étain pur, et plus de dix-huit centièmes d'alliage.

Ces mesures devront conserver intérieurement, et sur le bord supérieur, la venue du moule; elles devront être sans soufflures ni autres imperfections.

Le nom propre à chaque mesure devra être inscrit sur le corps de la mesure. Le nom ou la marque du fabricant devra être apposé sur le fond.

On pourra construire des mesures en fer-blanc, depuis le double-litre jusqu'au décilitre; mais ces sortes de mesures, exclusivement réservées *pour le lait*, devront être établies dans la forme cylindrique, ayant le diamètre égal à la hauteur, conformément à ce qui est prescrit dans le premier tableau pour les mesures destinées aux matières sèches; elles seront garnies d'une anse ou d'un crochet également en fer-blanc, et porteront le nom qui leur est propre sur le cercle supérieur, rabattu et servant de bordure. On aura soin de placer, pour recevoir les marques de vérification, deux gouttes d'étain aplaties, l'une au bord supérieur, l'autre à la jonction du fond de chaque mesure, qui devra porter aussi le nom ou la marque du fabricant.

Extrait des instructions données par M. le ministre
de l'intérieur.

VÉRIFICATION DES MESURES POUR LES LIQUIDES.

NOMS DES MESURES.	POIDS de l'eau que doit contenir la Mesure.	Les erreurs tolérables en plus seulement, ne doivent pas excéder les suivantes :	
		sur les Mesures à vin.	sur les Mesures à lait.
	grammes.	grammes.	grammes.
Double-litre........	2000	3	4
Litre..............	1000	2	3
Demi-litre.........	500	1,5	2
Double-décilitre...	200	1,0	1,5
Décilitre..........	100	0,6	1,0
Demi-décilitre.....	50	0,4	
Double-centilitre..	20	0,3	
Centilitre.........	10	0,2	

L'étain employé à la fabrication de ces mesures
ne doit pas contenir plus de *dix-huit centièmes* de
plomb; les mesures faites en cuivre ne sont pas ad-
mises à la vérification; celles à lait s'exécutent en
fer-blanc.

14

MESURES DE CAPACITÉ POUR LES LIQUIDES ET LES MATIÈRES SÈCHES.

TABLEAU indiquant la *réduction* des mesures de *capacité* anciennes, en mesures de *capacité* nouvelles.

PINTES de Paris	en LITRES.	MUIDS de Vin de Paris	en HECTO-LITRES.	SETIERS de Blé de Paris	en HECTO-LITRES.	BOISSEAUX	en ½ LITRES.	LITRONS	en LITRES.
	L.		H.		H.		L.		L.
1	0, 9313	1	2, 6822	1	1, 5610	1	13, 068	1	0, 8130
2	1, 8626	2	5, 3644	2	3, 1220	2	26, 017	2	1, 6260
3	2, 7940	3	8, 0466	3	4, 6830	3	39, 025	3	2, 4391
4	3, 7253	4	10, 7288	4	6, 2440	4	52, 033	4	3, 2521
5	4, 6566	5	13, 4110	5	7, 8050	5	65, 042	5	4, 0651
6	5, 5879	6	16, 0932	6	9, 3660	6	78, 050	6	4, 8781
7	6, 5192	7	18, 7754	7	10, 9270	7	91, 058	7	5, 6911
8	7, 4506	8	21, 4576	8	12, 4880	8	104, 066	8	6, 5042
9	8, 3819	9	24, 1398	9	14, 0490	9	117, 075	9	7, 3172
10	9, 3132	10	26, 8220	10	15, 6100	10	130, 083	10	8, 1302

A gauche de la virgule sont des litres; les deux premiers chiffres à droite de la virgule sont des centilitres.

Les hectolitres sont à gauche de la virgule; les deux premiers chiffres à droite de la virgule sont des litres; et les deux chiffres à droite sont des centilitres.

A gauche de la virgule sont les litres; et les trois premiers chiffres à droite représentent des millilitres.

SUITE DES MESURES DE CAPACITÉ.

TABLEAU indiquant la *réduction des litres et des hectolitres en pintes, muids et setiers de Paris, boisseaux et litrons.*

LITRES	en PINTES de Paris.	HECTO-LITRES	EN MUIDS de Vin de Paris.	HECTO-LITRES	en SETIERS de Blé de Paris.	LITRES	en BOISSEAUX.	LITRES	en LITRONS.
	P.		M.		S.		B.		L.
1	1, 0737	1	0, 3728	1	0, 6406	1	0, 07687	1	1, 2300
2	2, 1475	2	0, 7457	2	1, 2812	2	0, 15375	2	2, 4600
3	3, 2212	3	1, 1185	3	1, 9219	3	0, 23062	3	3, 6900
4	4, 2950	4	1, 4913	4	2, 5625	4	0, 30750	4	4, 9199
5	5, 3687	5	1, 8642	5	3, 2031	5	0, 38437	5	6, 1499
6	6, 4424	6	2, 2370	6	3, 8437	6	0, 46124	6	7, 3799
7	7, 5162	7	2, 6098	7	4, 4843	7	0, 53812	7	8, 6099
8	8, 5899	8	2, 9826	8	5, 1250	8	0, 61499	8	9, 8399
9	9, 6637	9	3, 3555	9	5, 7656	9	0, 69187	9	11, 0699
10	10, 7374	10	3, 7283	10	6, 4062	10	0, 76874	10	12, 2998

Les chiffres qui viennent à droite de la virgule représentent des dixièmes, des centièmes, des millièmes, des dix-millièmes, etc., des unités qui se trouvent à gauche de la virgule.

V.

POIDS.

Hectog.
ou
100 grammes.

GRAMME. — KILOGRAMME.

L'unité de poids vient aussi du mètre; c'est le décimètre cube qui la donne. Ainsi prenez un décimètre cube d'eau distillée, c'est-à-dire parfaitement pure, dont la température soit à quatre degrés centigrades au-dessus de zéro; puis pesez dans le vide (lieu privé d'air). Le poids de ce volume d'eau n'est autre chose que le *kilogramme*.

Nous dirons donc que,

Le kilogramme est le poids d'un décimètre cube d'eau distillée pesée dans le vide, à la température de quatre degrés centigrades au-dessus de zéro.

C'est le poids d'un litre d'eau, puisque le litre est la capacité d'un décimètre cube.

Mais le kilogramme n'est qu'un multiple de l'unité principale ; il vaut mille fois cette dernière, que l'on nomme *gramme.*

Le gramme est le poids, dans le vide, d'un centimètre cube d'eau distillée, à la température de quatre degrés centigrades au-dessus de zéro. C'est le poids d'un millilitre d'eau pure ; car le millilitre est la capacité du centimètre cube.

Sous-multiples du Gramme.

Le gramme, millième partie du kilogramme, se divise en dix parties égales appelées *décigrammes ;* le décigramme, en dix parties égales appelées *centigrammes ;* le centigramme, en dix parties égales appelées *milligrammes.* Le milligramme, millième partie du gramme, est le poids d'un millimètre cube d'eau, millième partie du centimètre cube. Par conséquent le gramme vaut 10 décigrammes, ou 100 centigrammes, ou 1000 milligrammes.

Multiples du Gramme.

Le *décagramme* (poids de 10 centimètres cubes d'eau) vaut 10 grammes ; l'*hectogramme* (poids de

14.

cent centimètres cubes d'eau) vaut 100 grammes ; le *kilogramme* (poids d'un décimètre cube d'eau) vaut 1000 grammes ; et le *myriagramme*, qui vaut 10000 grammes, est le poids de 10 décimètres cubes d'eau.

Le mètre cube d'eau, contenant 1000 décimètres cubes ou 1000 litres, pèse donc 1000 *kilogrammes:* c'est le poids du *tonneau de mer*.

On nomme *quintal métrique*, un poids de *cent kilogrammes*.

La *livre tournois* (de Tours), la *livre parisis* (de Paris), etc., le *marc*, l'*once*, le *gros*, le *grain*, servaient de mesure pour les poids.

Le rapport du kilogramme à notre ancienne livre est à peu près comme 2 est à 1 ; c'est-à-dire que le kilogramme vaut un peu plus de deux livres. Voici d'ailleurs le rapport, $2^l,0428$.

La nouvelle livre vaut. . . 500 grammes.

La demi-livre ou le marc

vaut. . . . . 250 grammes

L'once vaut . . . . 31 grammes 250 mil.

La demi-once. . . . . . . 15 grammes 625 mil.

L'once et demie . . . . . 46 grammes 925 mil.

ou plus simplement. . . 47 grammes

Le gros pèse à peu près. . 4 grammes

La prononciation et la lecture de ces mesures sont les mêmes que celles des mesures de longueur et de capacité. Je ne répéterai donc pas ce que j'ai déjà dit plusieurs fois.

Les personnes qui donnent le nom de *kilo* à l'unité de poids se trompent; car *kilo* dit seulement mille. Il faut l'appeler *kilogramme*.

J'ai cru devoir joindre à ces explications un tableau de réductions, et un extrait d'ordonnance, concernant la forme et la composition des poids.

POIDS.

TABLEAU indiquant la *réduction des livres, onces, gros, grains* (poids anciens) en *kilogrammes*.

LIVRES	en KILOGRAMMES.		ONCES	en KILOGRAMMES.	
	K.	G.		K.	G.
1	0,	48951	1	0,	03059
2	0,	97901	2	0,	06119
3	1,	46852	3	0,	09178
4	1,	95802	4	0,	12238
5	2,	44753	5	0,	15297
6	2,	93704	6	0,	18356
7	3,	42654	7	0,	21416
8	3,	91605	8	0,	24475
9	4,	40555	9	0,	27535
10	4,	89506	10	0,	30594

GROS	en KILOGRAMMES.		GRAINS	en KILOGRAMMES.	
	K.	G. C.		K.	G. C.
1	0,	003824	1	0,	0000 531
2	0,	007648	2	0,	0001 062
3	0,	011472	3	0,	0001 593
4	0,	015296	4	0,	0002 124
5	0,	019120	5	0,	0002 655
6	0,	022944	6	0,	0003 186
7	0,	026768	7	0,	0003 717
8	0,	030592	8	0,	0004 248
9	0,	034416	9	0,	0004 779
10	0,	038240	10	0,	0005 310

Les chiffres placés à gauche de la virgule représentent des kilogrammes ; les trois premiers à droite de la virgule sont des grammes, et les deux suivants expriment des centigrammes.

SUITE DES POIDS.

TABLEAU indiquant la *réduction* des *kilogrammes* en *livres, onces, gros et grains.*
(poids anciens).

KILOG.	EN LIVRES.	KILOG.	EN ONCES.	KILOG.	EN GROS.	KILOG.	EN GRAINS.
	l.		o.		o.		G.
1	2, 04288	1	32, 686	1	261, 49	1	18827, 15
2	4, 08575	2	65, 372	2	522, 98	2	37654, 30
3	6, 12863	3	98, 958	3	784, 46	3	56481, 45
4	8, 17150	4	130, 744	4	1045, 95	4	75308, 60
5	10, 21438	5	163, 430	5	1307, 44	5	94135, 75
6	12, 25726	6	196, 116	6	1568, 93	6	112962, 90
7	14, 30013	7	228, 802	7	1830, 42	7	131790, 05
8	16, 34301	8	261, 488	8	2091, 90	8	150617, 20
9	18, 38588	9	294, 174	9	2353, 39	9	169444, 35
10	20, 42876	10	326, 860	10	2614, 88	10	188271, 50

Les chiffres qui se présentent à droite de la virgule expriment des dixièmes, des centièmes, des millièmes, des dix-millièmes, etc., de l'unité placée à gauche de la virgule.

Extrait de l'ordonnance du Roi.

POIDS EN FER.

Les poids devront être construits en fonte de fer; leurs noms sont indiqués ci-après, ainsi que la dénomination abréviative qui devra être inscrite, sur chacun d'eux, en caractères lisibles.

NOMS DES POIDS.	Abréviations qui devront être indiquées sur la surface supérieure.
Kilogramme.........	1 kilog.
Demi-kilogramme......	demi-kilog. / 5 hectog.
Double-hectogramme....	2 hectog.
Hectogramme........	1 hectog.
Demi-hectogramme......	1/2 hectog.

NOMS DES POIDS.	Abréviations qui devront être indiquées sur la surface supérieure.
Cinquante kilogrammes.	50 kilog.
Vingt kilogrammes........	20 kilog.
Dix kilogrammes.........	10 kilog.
Cinq kilogrammes........	5 kilog.
Double-kilogramme......	2 kilog.

Les poids en fer de cinquante et de vingt kilogrammes devront être établis en forme de pyramide tronquée, arrondie sur les angles, et ayant pour base un parallélogramme.

Les autres poids en fer, depuis celui de dix kilogrammes jusqu'au demi-hectogramme inclusivement, devront être établis en forme de pyramide tronquée ayant pour base un hexagone régulier.

Les anneaux dont les poids sont garnis devront être placés de manière à ne pas dépasser l'arête des poids.

Chaque anneau devra être en fer forgé rond et soudé à chaud.

Chaque anneau, attaché par un lacet, devra entrer sans difficulté dans la rainure pratiquée sur le poids pour le recevoir.

Chaque lacet devra être en fer forgé et construit solidement, tant au sommet qui embrasse l'anneau qu'aux extrémités de ses branches, lesquelles doivent être rabattues et enroulées par-dessous, pour retenir le plomb nécessaire à l'ajustage.

Les poids en fer ne doivent présenter à leur surface ni bavures, ni soufflures, et la fonte ne doit être ni aigre ni cassante.

Chaque poids doit être garni aux extrémités du lacet d'une quantité suffisante de plomb coulé d'un seul jet, destiné à recevoir les empreintes des poinçons de vérification première et périodique, ainsi que la marque du fabricant, qui doit y être apposée.

Les poids en cuivre sont indiqués ci-après, ainsi que la dénomination qui devra être inscrite sur chacun d'eux.

POIDS EN CUIVRE.

NOMS DES POIDS.	Dénominations qui doivent être appliquées sur la surface supérieure.
20 Kilogrammes.......	20 Kilogrammes.
10 Kilogrammes......	10 Kilogrammes.
5 Kilogrammes.......	5 Kilogrammes.
Double-kilogramme....	2 Kilogrammes.
Kilogramme...........	1 Kilogramme.
Demi-kilogramme.....	500 Grammes.
Double-hectogramme..	200 Grammes.
Hectogramme.........	100 Grammes.
Demi-hectogramme....	50 Grammes.
Double-décagramme...	20 Gram.
Décagramme.........	10 Gram.
Demi-décagramme.....	5 Gram.
Double-gramme.......	2 Gram.
Gramme..............	1 Gram.
Demi-gramme.........	5 Décig.
Double-décigramme...	2 Décig.
Décigramme..........	1 Décig.
Demi-décigramme.....	5 Centig.
Double-centigramme..	2 C. G.
Centigramme..........	1 C. G.
Demi-centigramme....	5 M. G.
Double-milligramme...	2 M.
Milligramme..........	1 M.

La forme des poids en cuivre, depuis et compris celui de 20 kilogrammes jusqu'au gramme, sera celle d'un cylindre surmonté d'un bouton. La hauteur du cylindre sera égale à son diamètre pour tous les poids, jusqu'à celui de 5 grammes inclusivement; la hauteur de chaque bouton sera égale à la moitié du diamètre du cylindre qui le supporte. Ces dispositions ne seront pas applicables aux poids d'un et de deux grammes, qui auront le diamètre plus fort que la hauteur.

Les poids, depuis et compris le 5 décigrammes jusqu'au milligramme, se feront avec des lames de laiton minces coupées carrément.

Les poids en cuivre cylindriques et à bouton pourront être massifs ou contenir dans leur intérieur une certaine quantité de plomb; mais ils devront toujours présenter le même volume. Ces poids peuvent être faits d'un seul jet ou formés de deux pièces seulement, savoir : le cylindre et le bouton; mais, dans ce dernier cas, le bouton devra être monté à vis sur le corps du poids, et fixé invariablement par une cheville ou petite vis à fleur de la surface. Cette cheville sera en cuivre rouge, afin de la distinguer facilement.

On pourra aussi construire des poids en cuivre

15

d'un kilogramme ou d'un de ses sous-multiples dans la forme de godets côniques qui s'empilent les uns dans les autres, et se trouvent ainsi renfermés dans une boîte, qui est elle-même un poids légal.

La surface des poids en cuivre devra être nette et ne laisser apercevoir aucun corps étranger qu'on aurait chassé dans le cuivre, ni aucune soufflure qui permettrait d'en introduire.

Les dénominations seront inscrites en creux et en caractères lisibles sur la surface supérieure des poids. Chaque poids devra porter le nom ou la marque du fabricant.

Extrait des instructions données par M. le ministre
de l'intérieur.

VÉRIFICATION DES POIDS EN FER ET EN CUIVRE.

NOMS DES POIDS.	Les erreurs tolerables en plus seulement ne doivent pas excéder les suivantes.	
	Sur les Poids en fer.	Sur les Poids en cuivre.
	Grammes.	Centigra.
Poids de 50 kilogrammes.	20	
» 20................	10	150
» 10.............,.	6	80
» 5................	4	50
» 2................	2	25
» 1................	1	15
» 5 hectogrammes	0,5	10
» 2................	0,3	5
» 1................	0,2	3
» 5 décagrammes.	0,1	2,5
» 2................		2,0
» 1................		1,5
» 5 grammes......		1,0
» 2................		0,4
» 1................		0,2

Extrait de l'ordonnance du Roi.

INSTRUMENTS DE PESAGE.

Les instruments de pesage sont :

1° Les balances à bras égaux ;

2° Les balances-bascules ;

3° Les romaines.

Les balances à bras égaux, désignées sous le nom de balances de magasins ou de comptoirs, devront être solidement établies. Les fléaux devront être plus larges qu'épais, principalement au centre occupé par les couteaux ou pivots qui les traversent perpendiculairement, et dont les arêtes devront former une ligne droite. Les points extrêmes de suspension devront être placés à égale distance de ces couteaux. Les fléaux ne devront pas vaciller dans les chapes. Les balances devront être oscillantes. Leur sensibilité demeure fixée à un deux millième du poids d'une portée.

Les balances-bascules devront être oscillantes et établies de manière à donner, quel que soit le poids dont on charge le tablier, un rapport exact de un à dix. Ces instruments, dont la portée ne peut être moindre que cent kilogrammes, devront être solidement construits. Il ne pourra être employé à leur usage que des poids fabriqués suivant les formes et dénominations prescrites dans le tableau des poids en fer.

L'indication de la force de chaque balance-bascule sera exprimée en kilogrammes, sur une plaque de cuivre incrustée dans le montant en bois. La sensibilité pour ces sortes d'instruments demeure fixée à un millième du poids d'une portée.

Les romaines devront être solidement construites. Les couteaux auxquels elles sont suspendues devront avoir une arête assez fine pour faciliter les mouvements du fléau; les leviers devront être assez forts pour ne pas fléchir sous le poids curseur qui les accompagne. L'aiguille dont chaque levier est traversé par le haut ne devra pas frotter dans la chape.

Les romaines devront être oscillantes. Toute autre espèce est prohibée.

La sensibilité pour ces instruments demeure fixée à un cinq centième du poids d'une portée.

Les romaines porteront seulement les divisions décimales représentant les poids légaux. Toute autre division est interdite. Leur portée sera exprimée en kilogrammes sur chacune des faces divisées.

Tout instrument de pesage devra porter le nom ou la marque du fabricant.

15.

VI.

MONNAIE.

ö grammes.

23 *millimètres*
de diamètre.

DU FRANC.

La nouvelle unité monétaire est le Franc.

Le Franc est une pièce de monnaie en argent ; elle est aplatie et de forme circulaire ; elle pèse cinq grammes et renferme les neuf dixièmes de son poids en argent pur ; et l'autre dixième en cuivre, que l'on appelle alliage : de sorte que le franc contient *quatre grammes et demi* d'argent et *un demi-gramme* de cuivre.

Le Franc se divise en dix parties égales appelées *décimes,* et en cent parties égales appelées *centimes.*

Le décime, dixième partie du franc, est une pièce de monnaie en cuivre, dite de billon : c'est le nouveau gros sou ; il vaut dix centimes. Le nouveau petit sou, qui est aussi en cuivre, vaut cinq centimes, et est la vingtième partie du franc.

Le centime, centième partie du franc, est une petite pièce de monnaie en cuivre qui vaut la dixième partie du décime, et la centième partie du Franc.

Il y a d'autres pièces de monnaie, qui sont,

En or :

1° La pièce de 40 francs qui pèse 12 grammes, 900 milligrammes, plus 22 centièmes de milligramme, et dont le diamètre a 26 millimètres.

2° La pièce de 20 francs qui pèse 6 grammes 451 milligrammes, plus 61 centièmes de milligramme. Son diamètre est de 21 millimètres.

En argent :

1° La pièce de 5 francs qui pèse 25 grammes et qui a 37 millimètres de diamètre.

2° La pièce de 2 francs qui pèse 10 grammes, et dont le diamètre est de 27 millimètres.

3° La pièce de 1 franc qui pèse 5 grammes : elle a 23 millimètres de diamètre.

4° La pièce de 1,2 franc ou de 50 centimes, qui pèse 2 grammes 1/2, et qui a 18 millimètres de diamètre.

5° Et la pièce de 1/4 de franc ou 25 centimes, qui pèse 1 gramme 25 centigrammes, et qui a 15 millimètres de diamètre.

En se servant des nouvelles pièces d'argent, il

est facile de former le poids d'un kilogramme : en effet, puisque la pièce de 5 francs pèse 25 grammes, 40 pièces de 5 francs pèseront 40 fois plus, ou 1000 grammes, ou 1 kilogramme. 200 pièces de 1 franc, ou 100 pièces de 2 francs, ou 400 pièces d'un demi-franc, ou 800 pièces d'un quart de franc, donnent aussi le poids de 1 kilogramme. De sorte que l'on pourrait, au besoin, remplacer le kilogramme par le poids en argent de 200 francs.

Non-seulement les pièces de monnaie fournissent l'unité de poids, mais elles peuvent encore aider à trouver la longueur du mètre; ainsi,

Placez à la suite les unes des autres 34 pièces d'or de 20 francs et 11 pièces d'or de 40 francs, la longueur de leurs diamètres est de 1000 millimètres ou d'un mètre; car chaque pièce de 20 francs ayant 21 millimètres de diamètre, les 34 pièces de 20 fr. forment une longueur de 714 millimètres : chaque pièce de 40 francs ayant 26 millimètres de diamètre, les 11 pièces de 40 francs donnent une longueur de 286 millimètres qui, étant ajoutée à 714 millimètres, produit 1000 millimètres, ou le mètre linéaire.

Quand on manque de pièce d'or, on peut prendres des pièces d'argent; ainsi,

En plaçant à la suite les unes des autres 20 pièces de 1 franc et 20 pièces de 2 francs, on forme aussi la longueur du mètre, parce que la somme des diamètres de ces pièces est aussi de 1000 millimètres ou d'un mètre.

Le rapport admirable qui existe entre les nouvelles mesures permet ainsi de trouver avec facilité toutes les autres unités quand on en connaît une.

La partie d'argent ou d'or pur, que renferment les nouvelles pièces de monnaie, s'appelle leur poids en *fin* ou le *titre*. Le reste est l'*alliage*.

On emploie un alliage dans les pièces de monnaie parce que l'argent est un corps trop mou, dont toutes les configurations seraient bientôt effacées : on lui donne de la dureté en ajoutant du cuivre.

Les pièces d'or ont la même composition que les pièces d'argent; cependant comme alliage, on peut remplacer le cuivre par l'argent; mais alors les pièces sont plus brillantes, d'un jaune blanc; elles offrent aussi moins de dureté que quand l'or est allié au cuivre.

Comme il serait difficile de toujours donner aux pièces la même quantité d'alliage, la loi tolère une erreur de 3 millièmes en dessus ou en dessous du titre légal des monnaies.

Voici les principaux titres :

OR.

Le 1er titre est, sur 1000 parties, 920 d'or pur et 80 d'alliage.

Le 2e titre est, sur 1000 parties, 840 d'or pur et 160 d'alliage.

Le 3e titre est, sur 1000 parties, 750 d'or pur et 250 d'alliage.

ARGENT.

Le 1er titre est, sur 1000 parties, 950 d'argent pur et 50 d'alliage.

Le 2e titre est, sur 1000 parties, 900 d'argent pur et 100 d'alliage.

Les mesures monétaires se prononcent et s'écrivent comme les mesures de longueur, de capacité et de poids.

Ainsi 24,03 se prononce 24 francs 3 centimes; 0,8 se prononce 8 décimes. Puis 25 francs 8 centimes s'écrit 25,08; 45 centimes s'écrit 0,45, etc.

AUTRES MESURES.

DIVISION DU TEMPS.

DU CALENDRIER.

Le 22 septembre de l'année 1792, on remplaça le calendrier alors en usage, et qui est encore celui dont nous nous servons, par un autre calendrier auquel on ajouta le mot *républicain*, parce que l'ère nouvelle commença ce jour-là, époque de la fondation de la *république française*. On voulut aussi soumettre le temps à la division décimale. Ainsi,

Le jour fut divisé en 10 *heures;* l'heure, en 100 *minutes;* la minute, en 100 *secondes;* la seconde, en 100 *tierces*.

Le mois fut de 30 jours, et se partagea en trois parties égales, de 10 jours chacune, appelées *décades*. Les dix jours de la décade prirent les noms significatifs de *primidi, duodi, tridi, quartidi, quintidi, sextidi, septidi, octidi, nonidi* et *décadi*.

L'année fut de même composée de 12 mois; mais chacun de ces mois n'ayant que 30 jours, il s'en suivit que l'année n'eut plus que 360 jours. Les cinq jours que l'on fut obligé d'ajouter pour la compléter furent nommés *complémentaires*, et encore *sans-culottides*. On les consacra au *Génie*, au *Travail*, aux *Actions*, aux *Récompenses* et à l'*Opinion*. Les années *bissextiles* avaient six jours complémentaires.

L'année avait aussi quatre *saisons*, de chacune trois mois, dont les noms les caractérisaient parfaitement. C'étaient *germinal*, *floréal* et *prairial*, pour le printemps; *messidor*, *thermidor* et *fructidor*, pour l'été; *vendémiaire*, *brumaire* et *frimaire*, pour l'automne; et *nivôse*, *pluviôse* et *ventôse*, pour l'hiver. *Vendémiaire* fut le premier mois de l'année, et son premier jour correspondit au 22 septembre 1792. Le 23 septembre 1840 est le premier jour de l'an 49 de la république française.

Ce calendrier fut abandonné, tant est grand l'empire de l'habitude, et l'ancien fut réhabilité.

Notre année se compose de 365 jours 5 heures et environ 49 minutes; cette durée ne peut varier puisqu'elle représente le temps que met la terre à tourner autour du soleil, et que chaque jour est donné par les 24 heures qu'elle emploie à faire un tour sur elle-même.

Si la division républicaine paraissait inapplicable, du moins les noms des mois et des jours avaient plus de signification que les noms de ceux que nous avons conservés.

Ces mois sont : *janvier*, qui a 31 jours ; *février*, 28 ou 29 ; *mars*, 31 ; *avril*, 30 ; *mai*, 31 ; *juin*, 30 ; *juillet*, 31 ; *août*, 31 ; *septembre*, 30 ; *octobre*, 31 ; *novembre*, 30 ; et *décembre*, 31.

On appelle *semaine* la réunion de sept jours, qui sont *dimanche*, *lundi*, *mardi*, *mercredi*, *jeudi*, *vendredi* et *samedi*.

Le jour se divise en 24 parties égales appelées *heures*. L'heure vaut 60 *minutes* ; la minute, 60 *secondes* ; la seconde, 60 *tierces*.

Cent ans forment un *siècle*.

MESURE DE LA TEMPÉRATURE.

DU THERMOMÈTRE.

Pour apprécier la température de l'air, on se sert d'un instrument appelé thermomètre, qui renferme un liquide destiné à marquer les différents degrés de chaud et de froid.

Le thermomètre se compose d'un tube de verre capillaire (c'est-à-dire dont le tuyau est aussi fin qu'un cheveu) fermé à la partie supérieure, terminé

16

à la base par une boule renfermant un liquide, du mercure ou de l'esprit de vin, dont la surface de la colonne monte ou descend selon qu'il fait plus ou moins chaud, et indique ainsi les variations de la température.

La chaleur augmentant le volume des corps, et le froid au contraire le diminuant, deux points fixes sont placés sur le tube du thermomètre. L'un, qui est nommé zéro, est donné par le point où s'arrête le haut de la colonne du liquide, quand on plonge l'instrument dans de la glace fondante. L'autre est encore indiqué par le liquide : c'est le point où la partie supérieure de la colonne reste immobile, quand on place le thermomètre dans la vapeur d'eau pure et bouillante. Ce point porte le chiffre 80 dans le thermomètre de Réaumur ou de Deluc; et 100 dans le thermomètre centigrade ou de Celcius, savant suédois.

Ces deux points fixes sont les mêmes sur les deux instruments, seulement l'intervalle qu'ils comprennent entr'eux est divisé en 80 parties égales ou degrés sur le premier; et en 100 parties égales, appelées *degrés centigrades*, sur le second.

La longueur du tube, comprise entre les deux points, ne changeant pas, il en résulte que 80 degrés de Réaumur valent 100 degrés centigrades ; et réciproquement, 100 centigrades égalent 80 de Réaumur. Comme on adopte maintenant en France la division décimale, le thermomètre de Celcius sera seul employé, il n'est donc pas inutile de savoir passer d'une échelle thermométrique à une autre.

Pour changer des degrés de Réaumur en degrés centigrades, il faut prendre le quart des degrés de Réaumur, puis ajouter ce quart à ces derniers degrés : la somme exprime des degrés centigrades.

Exemple :

Combien 32°,4 de Réaumur valent-ils de degrés centigrades ?

Je prends le quart de 32 degrés 4 dixièmes, qui est 8 degrés 1 dixième ; j'ajoute 8°,1 à 32°,4 et j'ai pour somme 40°,5, c'est-à-dire 40 degrés centigrades, plus les 5 dixièmes d'un degré.

Pour changer des degrés centigrades en degrés de Réaumur, il faut prendre le cinquième de ces degrés centigrades, puis retrancher ce cinquième de ces derniers degrés : la différence représente des degrés de Réaumur.

Exemple :

Combien 30°,5 *centigrades valent-ils de degrés de Réaumur?*

Je prends le cinquième des 30 degrés 5 dixièmes, qui est 6 degrés 1 dixième; je retranche 6°,1 de 30°,5, et j'obtiens la différence 24°,4, c'est-à-dire 24 degrés de Réaumur, plus les 4 dixièmes d'un degré.

CONCLUSION.

Les personnes qui auront lu ce petit livre avec quelque attention devront parfaitement comprendre cette définition : *Le Mètre est la base fondamentale du nouveau système des Poids et Mesures;*

Car elles auront vu,

1° Que le *Mètre* sert à mesurer les longueurs;

2° Que le *Mètre* sert à mesurer les surfaces;

3° Que le *Mètre* sert à mesurer les volumes;

4° Que le *Litre* est donné par la capacité d'un décimètre cube, millième partie du *Mètre* cube;

5° Que le *Kilogramme* n'est autre chose que le poids d'un décimètre cube d'eau pure, millième partie du *Mètre* cube;

6° Et qu'enfin le *Franc* est une pièce d'argent dont le poids est de 5 grammes, c'est-à-dire de cinq fois le poids d'un centimètre cube d'eau pure, millionième partie du *Mètre* cube.

Elles auront donc remarqué quelle liaison admirable existe entre les mesures dont nous allons faire usage. La facilité du calcul diminuera probablement la peine qu'éprouveront ces personnes en se séparant de leurs anciennes mesures qu'elles aimaient par habitude, et qui, vraiment, ne méritaient pas tant d'affection.

Les mesures du temps et de la température ne dérivent pas du Mètre, cependant on aura aperçu que l'échelle thermométrique est maintenant divisée en 100 parties égales.

FIN.

16.

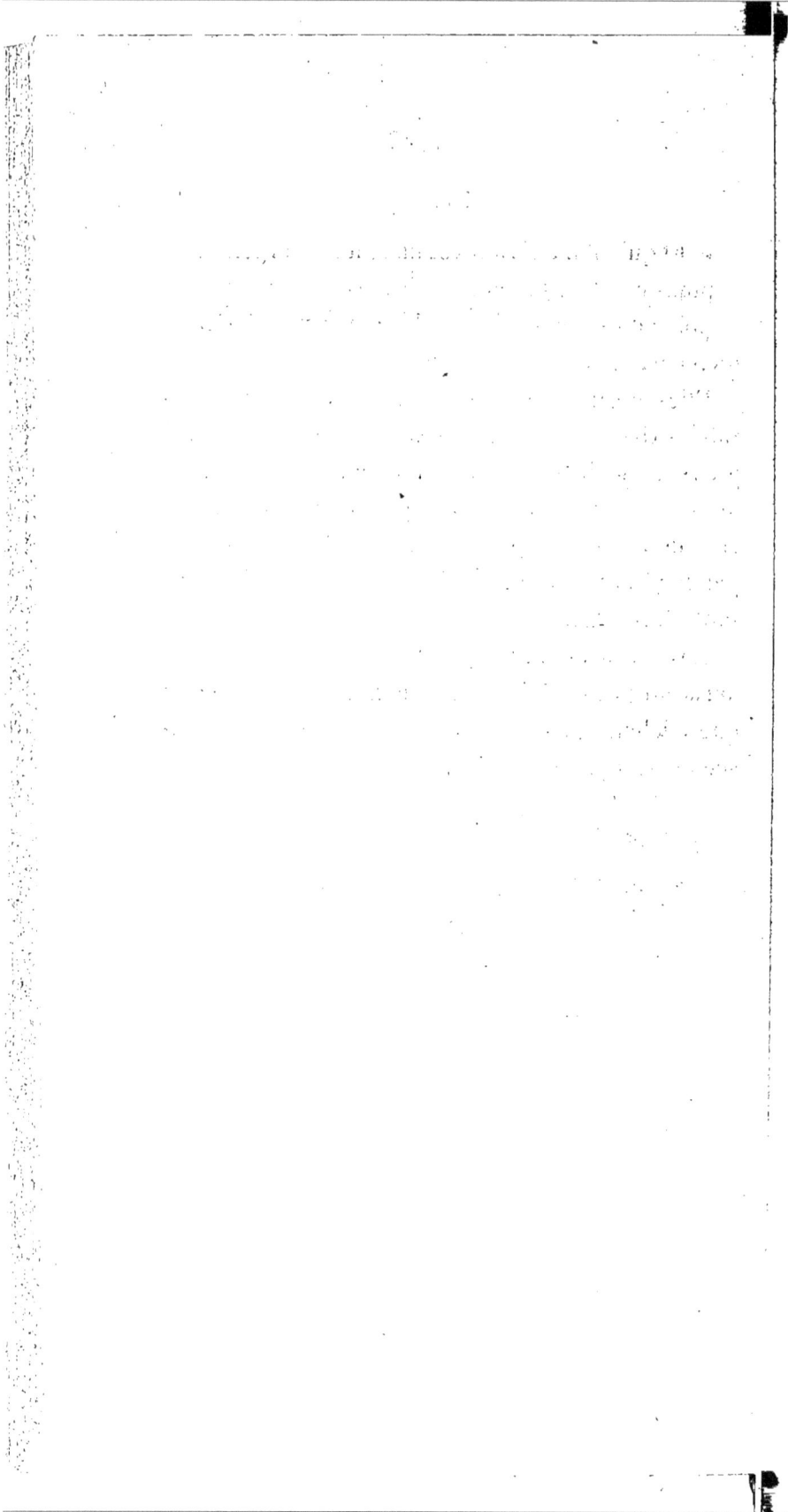

TABLE DES MATIÈRES.

FIN DE LA TABLE.

ERRATA.

—

Pag.   h a c   h a c

96, au lieu de 05107216400, *lisez* 05107,216400.

          h a c   h a c

97, au lieu de 11111361300, *lisez* 11111,361300.

149, ligne 5, au lieu de 36, *lisez* 86.

157, ligne 11, au lieu de *ses*, lisez *ces*.

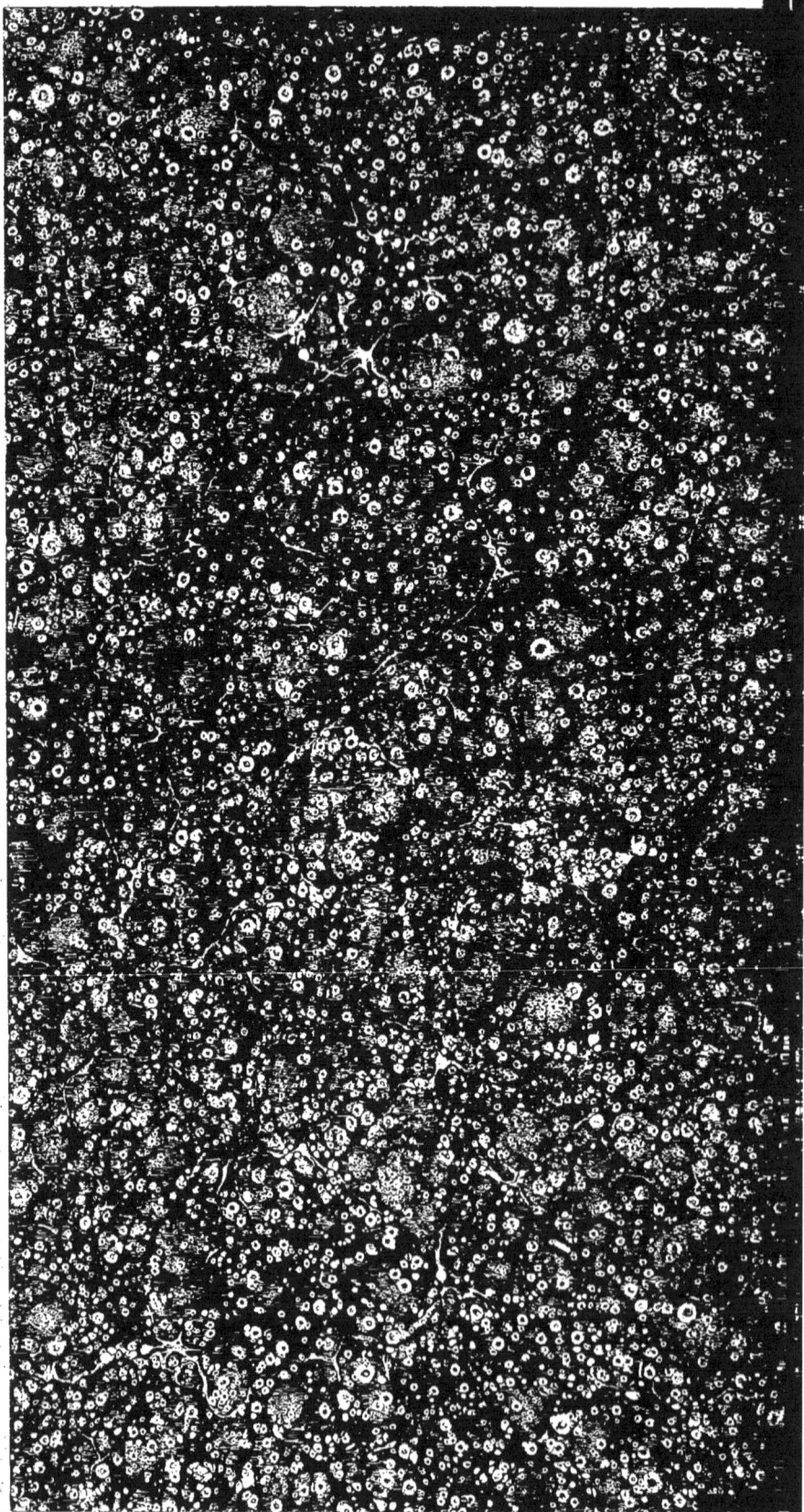

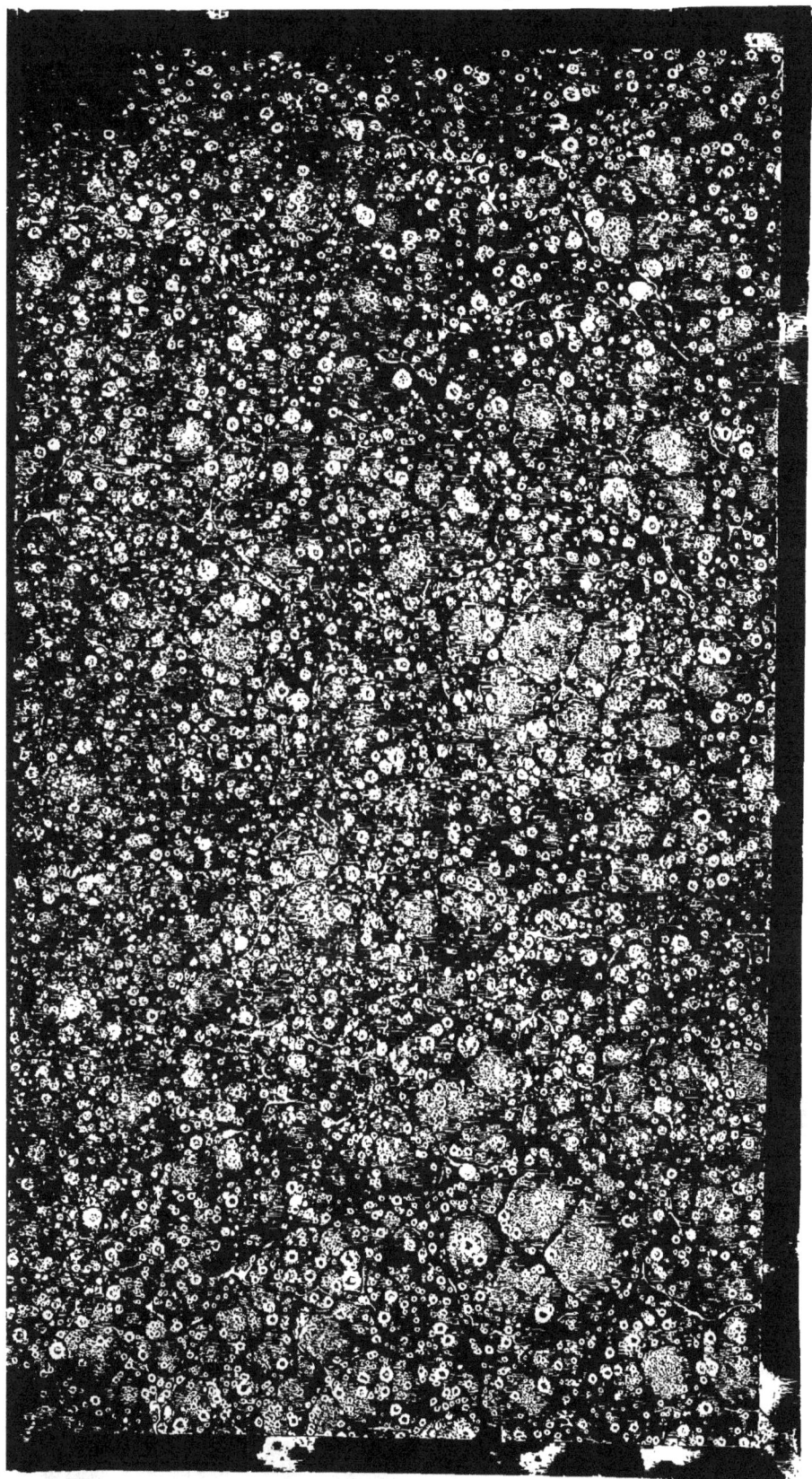